U0039378

先秦諸子與現代營銷

路新生◎著

臺灣商務印書館發行

緒　言

我們這裏拈出《先秦諸子與現代營銷》這個題目來，或許會使人啞然失笑，貽人哂之為牽強的比附。人們既覺先秦時代的遥遠，於是不免要産生出「二千五百年前的先秦諸子，難道還能與現代高節奏商品社會中的營銷有什麼關係不成？」的疑問來。

但是且慢！西漢大儒董仲舒有云：「道之大原出於天，天不變，道亦不變。」董仲舒的「天不變，道亦不變」原是指封建體制的亙古不衰。但我們卻未嘗不可借用董氏的表達方式，而更之以「人」的實際内容。我們未嘗不可以説：「人之大原出於天，天不變，人亦不變。」因為事物總是二分的，「蓋將自其變者而觀之，則天地曾不能一瞬；蓋將自其不變者而觀之，則物與我皆無盡也。」人類社會的發展進化，由茹毛飲血、構木為巢的蒙昧時代，進而至於今天的聲、光、電、化，宇宙飛船，克隆技術（Cloning，即複製技術）、電腦網路，這自然是變的一面；但自從有了人，自從成立了「人」的界定以後，人還是人，這一個本質並沒有因為時代的進化而有所改變。既然如此，那麼現代人與古人之間就總有相通相同的一面。這也正如南朝詩人謝靈運所説：「難謂古今殊，異代可同調。」夫子云：「學而時習之，不亦悦乎？」「殷因於夏禮，所損益可知也；周因於殷禮，所損益可知也。其或繼周者，雖百世可知也。」所謂「殷鑑未遠」，先民們創業的經驗和教訓，對於今人來說，永遠是一筆彌可珍貴的財富。歷史的經驗和教訓，其借鑑的價值和意義，絕不會因為時代的久遠而汩没泯滅的。

那麼，以中國歷史之斑斕多姿、延綿久遠，何以獨獨要從先秦諸子那裏，而不是從其他的歷史時段中汲取可供現代營銷借鑑的歷史養分呢？這有兩方面的原因使我們作出了這樣的選擇。

首先，先秦諸子所生活的時代特徵與現代社會具有一定的可比性。

先秦諸子的時代，是一個激烈競爭的時代。從春秋以來，那「尊王攘夷」，「存邢救衛」的齊桓公，那爭霸中原、踐土會盟的晉文公，那飲馬長江、「問鼎周原」的楚莊王，那南克郢都、大敗楚軍的吳王闔閭，還有那「卧薪嘗膽」、「十年生聚，十年教訓」的越王勾踐，他們紛紛走上歷史的大舞台，爭相扮演時代的主角。這是盡人皆知的「春秋五霸」。進入戰國以後，各國之間的兼併戰爭更趨激烈。打起仗來往往是「曠日持久數歲」。春秋末年尚存的百多個諸侯國，到了戰國初期，已大部分凋零。它們有的被兼併，有的被消滅，最後形成了秦、齊、楚、燕、趙、魏、韓「戰國七雄」的爭霸對峙局面。綜觀中國五千年的文明史，就競爭之激烈而言，試問又有哪一個朝代可以與春秋戰國時代，也就是可以與先秦諸子所生活的時代相比擬呢？今天，社會發展之迅速，世界進步潮流之洶湧澎湃，其氣勢也是前所未有的！真所謂「時代潮流、浩浩蕩蕩，順之者昌，逆之者亡。」激烈競爭的社會現實正迫使每一個國家、每一個民族、每一個人不停地向前，以免落後，遭致拋棄，卒至於被淘汰、被滅亡。所以，現代社會雖沒有先秦諸子生活時代的那種戰火連年、「血流漂杵」的現象，但優勝劣敗，適者生存的激烈競爭和先秦諸子生活的時代，又何其相似呢！面對今天的社會現實，瀏覽一下春秋戰國歷史畫廊中的競爭場面，怎不令人朝乾夕惕，奮然而起！這是我們之所以選擇了先秦諸子生活的時代，而不是中國歷史上的其他時段，從中汲取可供現代營銷借鑑的歷史養分的第一層理由。

春秋戰國時代又是中國社會大變革的時代，也是中國思想文化空前繁榮發展的時代，更是智慧橫溢，「宣傳」的技巧和水平有了極大提高的時代。當時，一方面是國際間的矛盾空前地尖銳和複雜。所謂「群雄逐鹿」，國與國之間相互吞併，兵連禍結。面對瞬息萬變的政治、軍事鬥爭局面，惟有智者能夠以少勝多，以弱勝強，在那虎視眈眈、危機四伏的國際環境中找到自己生存的一席之地。於是譎詭奇物，倜儻窮變，智謀之士雲集天下。戰國時期著名的縱橫家蘇秦有一次對齊閔王說：我聽說攻城略地之道不靠軍隊也照樣能夠取勝。「雖有百萬之軍，比之堂上；雖有闔閭、吳起之將，禽之戶內；千丈之城，拔之尊俎之間；百尺之衝（戰車），折之衽席之上。故曰衛鞅之始與秦王計也，謀約不下席，言於尊俎之間，謀成於堂上，而魏將已禽於齊矣。」酒餚燕飲之間，談笑風生之際，已能擒將下城，勢如破竹，先秦諸子之謀略可謂高矣！先秦諸子的時代，那真真是一個所謂「吾任天下之智力，以道禦之，無所不可」的時代。在那個時代，貴族內部因利害衝突而篡弒奪權的事件屢有發生。各國諸侯有鑑於此，對有能力的貴族世卿，各國諸侯因其「有能」而不敢委之以國政；對於無能的貴族世卿，則又以其無能而不足以委之以國政。

於是各國諸侯將目光下移，從「士」這個階層中挖掘「智慧」的泉眼，尋找新生的力量。這樣就產生了春秋戰國時期的禮賢下士和養士之風。各國諸侯無不卑躬屈節，招徠天下才士成為一時風尚。例如人們所熟知的孟嘗君、信陵君、平原君、春申君，無不有門客數千。戰國時稷下談士也不下千人。招賢養士，成為春秋時期，尤其是戰國時期各國統治者的要務。當時，起於士階層的諸子，也均以應對世變為己任。他們各各游說諸侯，鼓其如簧之舌，修其雄辯之辭，說形勢，立論據，務期以口舌文辭摧毀對手而行己所學。以此形成了春秋戰國時期諸子蠭起，百家爭鳴，思想文化空前發展和宣傳技巧大大提高的局面。誠如莊子在《天下篇》中所說：「猶百家眾技也，皆有所長，時有所用。」

我們看現代營銷，它已是一個「文化」的概念了。即是說，現代營銷早已不再僅僅是「物」的推銷，它時時處處貫穿了「以人為本」的基本精神。而如何正確地運用「智慧」，處理好「人」、「我」之間關係，則成為現代營銷的靈魂。據此，我們可以將現代營銷推展為如下公式：

我（人）—訓練、修養、智慧—1.「物化」的「我」，我的產品；2.「外化」的「我」，我這個「人」—營銷實踐—物我兩分—人（社會）

在這個營銷公式中，「我」既是「人類」的一分子，即「我」既具有「人」所應當具有的一切品質和特點，同時，「我」又是特殊的「我」，而不是「他」。在上述整個營銷公式中，無論是自我營銷還是產品營銷，「我」都處在一個營銷者的重要位置上。

現代營銷理論認為，「我」必須設法使得：1.「我」與「他」（人）相互區別開來。「我即我」，「非他」。我有不同於他人的姓名、相貌、衣著打扮、興趣愛好，「我」更有我的「智慧」。我以我的「智慧」，以不同於他人的種種特點和為人處世的方式方法立足於「社會」；2.「我」只有在「社會」中才能生存，因此，「我」又必須融入「社會」，必須為「人」、為由人所組成的社會所接受。這個「接受」，既包括了對「外化了的我」，即我的全幅人格，包括我的「智慧」，我的品性、為人、喜好等諸特點的接受，又包括了對「物化了的我」，即我的產品的接受。我的產品，就是我的「智慧」、我的全幅人格、我的做人理念的物化和結晶。所以我們說，「做『生意』，歸根到底是『做人』」。「風物長宜放眼量」。真正成功的企業家，只能產生於志趣遠大的正人君子之中，而絕不可能是目光短淺的雞鳴狗盜之輩。這其中的原因就在於「做人」也就是「智慧」的高下即「人品」的優劣。

在上述營銷公式中，「我」是營銷的出發點，「人」則是歸宿，它是指由人的個體組成的社會。這個「社會」既蘊含了「我」在內，又包括了「他人」在內。「社會」既然是由個體的、包括了「我」在內的「人」所「組成」，那麼，它就必然一方面充滿著「個性」，另一方面，它又必然具有共性也就是具有「社會性」。這裏的「個性」，是指我的「產品」具有獨特的、他人所不具備的品質。套用一句「營銷」的語言來表達，產品只有在經過了「細分」以後，為「市場」所接受，它才名副其實地稱得上是「產品」，否則它就只能是「物品」甚至只能是「廢品」。那麼，這個「細分」也就是指這個產品是「我」的而不是「你」的或「他」的。因為這產品是我的「智慧」，是我全幅人格的「物化」，因此它也就不會也不應與其他人的產品雷同，正如「我」這個人不能也不會與其他人相混淆一樣。但與此同時我們又必須考慮到，由人和人所組成的社會，是「我」的對象與目標，也是整個營銷過程的歸宿。任何經濟活動都是「人」的產物。人不能夠「獨居」而必須在「社會」中才能生存。那麼，「經濟人」也就只有在被「他人」也就是被「社會」接受以後才能夠活下去。人的這種「社會性」，又決定了作為一種經濟活動的現代營銷，在照顧到「我」這個「人」，照顧到我自己「個性」的同時還必須兼顧到人的共性也就是社會性。落實到營銷中時，營銷也就要求「我」必須將生產出來的「物品」經過「市場」使它變成「產品」而不至於成為「廢品」。這就提醒我們：務必找準自己產品的「賣點」，把握好你的「消費群體」，用你產品的「質量」，用你的服務，用你的真誠和信譽，用業已「外化」了的你的「智慧」和全幅人格去「投」你的消費群體之「所好」。現代營銷靠的是什麼？是「人心」。真正意義上的現代營銷活動，哪怕它的銷售網路再多，它的「地理空間」再大，歸根到底它卻只能在「拳頭」那般大小的一個「人心」的空間內進行，—它靠的是征服人心。「得人心者得天下」，一個國家，一個政權是如此；一個產品，一項經濟活動又何嘗不是如此呢？所以，「爭取人心」這是現代營銷活動的一個不可稍有閃失的大前提。孔子說：「己所不欲，勿施於人」和「己之所欲，施之於人」，這兩句話，可以說道盡了現代營銷的真諦。它是現化營銷的「黃金法則」。

現代營銷既要講求「個性」，又要兼顧「共性」。從「個性」和「共性」相統一的角度看，無論是個性還是共性，他們都是「人性」的體現。正是從這個意義上，我們說現代營銷時時處處體現了「以人為本」的精神。

用「營銷」精神來反觀「現實」和「歷史」的聯繫，我們看到，現代社會已經發展到了一個全方位營銷的時代。在現代社會中，哪一個人不是營銷者呢？人人都在與他人競爭，實現自我，展示自我，務期使自己和自己的產品為他人、為社會所接受。從這個意義上說，先秦諸子那充滿智慧的游說諸侯，緊緊抓住宣傳的契機，「以為時有所用」，不也可以視為一種「營銷」嗎？他們的理論和學說個性鮮明，「物」、「我」兩分，處處體現了諸子們不同的品性和人格，那麼，這些理論和思想不也就是先秦諸子的「產品」嗎？至於諸子中如孟子的縱橫捭闔，氣勢充沛；莊子的汪洋恣肆，富於想像；荀子的渾厚遒勁，說理透闢；韓非子的岐峭犀利，議論風發，其人辭語之精煉、修飾，論證邏輯之嚴密無懈，沒有哪一件不是玲瓏剔透的「優質產品」，不是「智慧」的結晶。先秦諸子最終為各國諸侯所接受，也就是被「社會」所接受，實現了他們的人生價值和「產品」價值，這就更加值得現代營銷理論加以借鑑了。現代營銷人從先秦諸子那裏可以汲取足夠豐富的種種「做人」也就是「做生意」的技巧：其中既有大智若愚的誠信最終佔了大便宜的寶貴經驗；又有機關算盡，得逞於一時一事，最終卻吃了大虧的慘痛教訓。這些實例，先秦諸子為我們講述的歷史故事中可謂不勝枚舉，俯拾即是。「溫故而知新，可以為師矣！」只要我們真正掌握了先秦諸子思想言論中可供現代營銷借鑑的方法和手段，必然能夠啟發我們的睿智，開闊我們的視野，使我們在現代營銷的競爭洪流中能夠隨機應變，左右逢源，立於不敗之地。

在先秦諸子的思想言論中，確實包涵著豐富的可供現代營銷借鑑的珍貴內容，這是我們以先秦諸子為選擇對象的又一層理由。

您想使自己變得成熟和聰明起來嗎？

您想獲得「他人」即「社會」的好感與接納嗎？

您想戰勝對手和競爭者，成功地推銷自我和自己的產品嗎？

如果是這樣，那麼就請跟隨我們，循著先賢的腳步，帶著現代人的頭腦，步入那先秦諸子為後人所營造的智慧之宮吧！本書願以陽春白雪之曲，作下里巴人之解，願與您共同探討先輩們成功的秘訣和失敗的教訓，並願與您共享以史為鏡、鑑古知今的無窮樂趣，為現代營銷提供一塊「他山之石」。

目錄

一 素養篇

毛遂自薦的啟示

大千世界，芸芸眾生。事變急，世變亟，一萬年太久，只爭朝夕！人，在行色匆匆的短暫一生中怎樣展示自己，推銷自己？怎樣在瞬息萬變的世事中找準自己的位置，實現自己的社會價值？在這些問題上，韞櫝而藏與毛遂自薦的故事值得我們玩味深思。

孔子的弟子子貢很敬重孔子，把孔子比作「美玉」。有一次，子貢問孔子：「這裏有一塊美玉，是把它藏在櫃子裏好呢？還是把它賣給識貨的商人好呢？」他的潛台詞是說，「先生您是願意懷才隱居呢？還是願意等待重用？」孔子回答說：「沽之哉！沽之哉！我待賈者也。」意思是說：賣掉！賣掉！我願意等待買主，受到重用。這是一個「韞櫝而藏」或曰「待價而沽」的故事。

據《史記・平原君虞卿列傳》記載，公元前二五七年，秦國的軍隊包圍了趙國都城邯鄲。趙國丞相平原君奉命前往楚國求援，需要配備二十名隨從，但找來找去只找到十九人，「無以滿二十人」。這時，平原君門下有位叫毛遂的食客，自薦於平原君道：「小人願意隨從大人赴楚，以配足二十人的備員。」這位毛遂先生在平原君的門下已經三年了，卻一直默默無聞，不得重用。平原君見毛遂自願隨同前往楚國，便打趣地對他說：

「賢明之士的處世，就好比錐子置於囊中，錐尖立刻會從囊中顯露出來。先生在我這裏已經三年，可是我卻從未聽說過先生，可知先生才能平平。先生怎能肩負赴楚的大任？您還是不要去了吧！」毛遂聽了這番話，立刻接口道：「我之所以三年以來一直默默無聞，那是因為我始終未能得到『處於囊中』的機會。假如讓我早處囊中，不用說錐尖了，就是整個錐身，也早已露出來了！今日在下請命，正是要請大人置毛遂於囊中！」一番話鏗鏘有力，擲地有聲。平原君聽後不禁心動，「竟與毛遂偕」。「毛遂比至楚，與十九人論議，十九人皆服。」

這是一個「毛遂自薦」或曰「脫穎而出」的故事。

在「韞櫝而藏」的故事中，孔子會不會「藏」？相信絕對不會。因為孔子是主張「出仕」的。孔子會不會只是被動地去「待」？相信大概也不會。因為孔子對「仕」的問題是很重視的，他的態度是很積極的。據史籍記載，「孔子三月無君，則皇皇如也。」季氏的家臣公山不狃據費邑叛季氏，召孔子，孔子也曾考慮前往赴召，事見《論語・陽貨》。這些都可以看出孔子對「仕」的重視與積極。再看孔子答子貢問時連稱「賣掉！賣掉！」的那種急切的語氣，可見孔子的「謀仕」，大概不會只是坐在家中，被動地等人來請。所謂「待價而沽」，這只是子貢而不是孔子的意思。

倘若把子貢的話譬之為人的自我展現與推銷，其中有沒有合理的地方？我們說，可以求「善價」的必是美玉。「美玉」這個條件，是子貢指示出來的。它啟發我們認識到，人若想展現、推銷自己，自己首先應具備美玉的品質與條件，這是問題的根本。你有了這個立身之本，就容易為他人所喜愛所接受。孔子是一位「聖人」，他不僅人品出眾，更重要的是他早已盛名遠揚。若孔子真想「待價而沽」，他是不用發愁沒有人來聘用他的。但這種「待價而沽」的精神，一般說不適用於現代社會，尤其不適合於希望推銷自己，實現自己的社會價值，但卻被知之甚少的人。毛遂的品質也不差，雖不能說是「碧玉無瑕」，但「瑕不掩瑜」還是擔當得起的。試想毛遂如果也「待價而沽」，平原君怎會去找這個三年「未有所聞」的小人物呢？這樣，毛遂這個人才不是就被埋沒了嗎？毛遂沒有被動地去「待」，而是看準了時機，主動地去「找」，去請命，亦即主動地推銷自己，終於脫穎而出。後來在說服楚王同意與趙國聯合起來反秦的辯論中，毛遂起了決定性的作用。毛遂自薦，實現了他的社會價值，從這個角度看，毛遂精神顯然更加符合現代社會的需求。因為毛遂具備了一個現代營銷策略所需要具備的人的素質。

毛遂自薦，首先需要的是自信。「自信人生二百年，會當擊水三千里。」「新心理分析學派」的創始人阿德勒(A. Adler)認為，人類的行為都是出於自卑感以及對自卑感的克服與超越。在毛遂請命隨平原君赴楚時，先被平原君選中的那十九位門客，都「相與目笑之而未發。」他們分明是在嘲笑毛遂的不自量力。可是毛遂沒有膽怯，沒有畏首畏尾，而是充滿信心地向平原君陳述了自己的道理。他在說理時的那份自信，那種如夫子在《易・系辭傳》中所稱讚的「不諂不瀆」的態度，脫俗瀟灑，立刻傾倒了平原君。荀子說得好：「駑馬十駕，功在不舍；跬步不休，跛鱉千里。」即便是先天條件稍差的人，只要堅持不懈地努力奮進，同樣能夠到達勝利的彼岸。美國前總統老羅斯福曾患小兒麻痹症。童年時他嘴歪齒露，其貌不揚，小伙伴們都瞧不起他。但羅斯福沒有消沉，而是克服了自卑心理，奮勇拼搏。他以常人難以忍受的堅毅積極鍛鍊身體，使羸弱的體質一變而為體魄強健。成年以後他熱衷於社交活動，毫無怯色地在大庭廣眾面前慷慨陳詞，表述自己的政治主張，練就了一副流利、雄辯而幽默的口才。美國人最終選擇了羅斯福，恰如平原君最終選擇了毛遂一樣。打破自卑心理，堅立自信精神，這是毛遂和羅斯福得以成功的共同關鍵因素所在。

毛遂能夠脫穎而出，又是需要運用一定的手段和策略的。平原君選擇隨從赴楚，最後尚缺一人，這是一個機遇。如果僅僅用一般的方法去爭取，這個機遇恐怕永遠也落不到毛遂的頭上。在關鍵時刻，毛遂直接向平原君自薦，使得能夠給他機遇的人對自己先有一個直觀的認識，同時又避免了其他覬覦者的競爭，這其中已省卻了多少周折！戰國時荊國有一位善於禦馬的人，因遭受其他禦馬人的妒讒，他總也得不到錄用。一次，這位禦馬人有機會面見荊王。他抓住這個機緣，立刻向荊王說明自己有禦馬追上奔鹿之技，並當場表演了他的絕技，最後終於得到了荊王的賞識而被錄用。這位禦馬人的成功，所用的方法與毛遂相同。毛遂自薦，平原君因為對毛遂毫無印象，於是調侃他才能平平，如錐置囊中而不得顯露。這時，毛遂充分顯示了他的聰明才智。他的過人之處就在於他能夠順著平原君的話題，在錐與囊的關係問題上大做文章。毛遂的那份恰到好處的隨機應變，是他取得成功的又一原因。菲律賓外長羅慕洛身高只有一米六三。在聯合國的一次大會上，羅慕洛與前蘇聯代表團團長發生了爭執。前蘇聯代表團團長譏笑羅慕洛「只不過是一個小國家的小人罷了。」這種當眾的羞辱，不僅是對羅慕洛人格的誣蔑，更是對一個主權國家的不尊。但如果這時羅慕洛惱羞成怒，則有失君子之風，有辱國格。只見羅慕洛微微一笑，接過話題，告訴與會代表說，菲律賓國家的確不大，他本人也的確是一個矮人。緊接著他話鋒一轉，巧借《聖經》中的典故說道：「此時此地，將真理之石向狂妄的巨人眉心擲去——使得他們的行為有所檢點，這是矮子的責任！」一席話立即獲得了滿堂彩，為菲律賓在國際上贏得了聲譽。羅慕洛的借題發揮和幽默，也與毛遂相似。

美玉不可藏與待，抓準機遇學毛遂。朋友，這將是您走向成功的起點。

「狡兔三窟」新解

「未雨綢繆」一語，出自《詩經・豳風・鴟鴞》。詩的原句是這樣的：「迨天之未陰雨，徹彼桑土，綢繆牖戶。」所謂「綢繆牖戶」，意即在天未下雨之前就用繩索將門窗捆牢。後來就把「未雨綢繆」一語來比喻事先作好準備工作。作為一名現代社會的營銷人，他也有一個未雨綢繆的準備工作要做。準備工作當然是多方面的。但是，「占領人心」應當是現代營銷的核心。那麼，培育顧客對企業的忠誠度，維護企業的良好形象和聲譽，這也就應當是現代營銷人準備工作的基礎。我們經常說「顧客是上帝」。而所謂的顧客忠誠度，就是要營銷人真正把顧客視為上帝。你要求顧客對你的企業「忠誠」，你自己首先需要對顧客忠誠，即所謂人心換人心，己所不欲，勿施於人。大家都知道「狡兔三窟」這個成語。這個成語現在已多用於貶義，意思是說狡猾的兔子築了三個洞穴，為自己留下後路，以便逃避災禍。但「狡兔三窟」的原始義卻並非沒有可供現代營銷人借鑑的積極意義。這個故事出自《戰國策・齊策四》。

齊人馮諼是齊相孟嘗君的門下食客。有一次，孟嘗君派馮諼去薛邑收債。馮諼「約車治裝，載卷契而行」。臨行前，他問孟嘗君：「收完債可要帶些什麼回來？」孟嘗君回答說：「你看我缺少什麼東西，就帶些什麼回來吧！」馮諼到了薛邑，召集債務人前來「合卷」——雙方彼此對照債務憑證。「合卷」後，馮諼假託孟嘗君的命令，宣布債務人的債務全部免除。說完，一把火燒掉了所有的債券。做完這件事，馮諼「長驅歸齊，晨而求見。」孟嘗君見馮諼回來得這麼快，感到奇怪，就問他：「債收齊了嗎？怎麼這麼快就回來了？可曾帶了什麼東西回來？」馮諼答道：「債是收齊了。至於大人您要我帶些什麼回來，記得在下臨行前大人曾說過，要我帶些大人所缺少的東西。據我看，大人的宮中珍寶無數，狗馬成群，美女充陳，這一些您都不缺。在下覺得，大人您缺少的就是一個『義』！今天我為您帶來了『義』。」「義到哪裏去買？」孟嘗君不解地問。馮諼侃侃答道：「大人，您現在只剩下一個小小的薛邑了，這可是您全部的『本錢』所在啊！您怎麼還不知道愛護那裏的百姓，還要向他們放債收利呢？我矯造了您的命令，已經將薛邑債務人的債全部免除，債卷也已經全部燒掉了。薛邑的百姓聽說以後，對大人三呼『萬歲』呢！這就是在下為大人帶回來的『義』。」聽了馮諼的話，孟嘗君滿肚子的不高興。但木已成舟，無法挽回，也就只能作罷。

過了一年，有人在齊王面前讒毀孟嘗君，齊王借故免去了孟嘗君的相職。孟嘗君走投無路，只好回自己的領地薛邑。薛邑的百姓聽說孟嘗君回來了，跑到離開薛邑一百多里遠的郊外去迎接，「扶老攜幼，迎君道中正（整）日。」此時此刻，孟嘗君感慨萬千，他對馮諼說：「先生為我買的『義』，我今天算是看到了！」馮諼回答說：「狡兔三窟僅得免死耳！現在大人已有一窟，但還不能高枕無憂。小人請再為大人築兩窟。」後來，馮諼設計使得齊王重新起用孟嘗君，又使齊王將齊先王的宗廟建在了薛邑。事成之後，馮諼還報孟嘗君：「三窟已就，君姑高枕為樂矣。」這就是「狡兔三窟」這一成語故事的由來。

現在，我們把這個「狡兔三窟」的故事放大了來看。如果將孟嘗君比作企業家，把薛邑的百姓比作顧客，那麼，馮諼就好比是一位營銷人。我們知道：「生產為了消費，消費促進生產。」如果說人的價值是在他被社會接納以後才實現的，那麼，產品的價值也必需在產品找到了市場，被消費者——社會所接受以後才算實現。從這個意義上說，由消費者組成的市場，是生產的目的與歸宿。沒有了消費市場的支撐，企業就斷絕了生存之路。用這個觀點來點評馮諼之道，二者正有相通的一面：薛邑是孟嘗君的領地，它不僅每年向孟嘗君提供可觀的經濟收益，而且在當時，薛邑還是孟嘗君社會身份和地位的象徵。若失去了薛邑，孟嘗君不僅要變成一個一文不名的窮光蛋，而且他的貴族身份也就自然喪失了。孟嘗君已經成了一莖無根的浮萍，更遑論什麼封官拜相?!馮諼深知薛邑對孟嘗君這種生死攸關的重要性，當看到孟嘗君短視地放債盤剝薛邑百姓時，馮諼及時制止了他。那麼，今天的企業家應當怎樣對待自己「薛邑」的百姓們呢？他們不也正是企業家的「衣食父母」嗎？對於企業家，他們不同樣具有生死攸關的重要意義嗎？企業家明乎此，絕不可像孟嘗君那樣去剝削、去傷害薛邑的百姓——顧客們。而今天的馮諼——現代營銷人，當企業主蔽於眼前的利益而採取了某些錯誤做法時，他們應當學習馮諼，及時制止、勸阻這類事情的發生。馮諼辦事，時刻不忘維護孟嘗君的根本利益和聲譽；現代營銷人作為企業的對外代表，也應當全力維護企業的利益和聲譽。佛家有「善有善報，惡有惡報，不是不報，時機未到；時機一到，一切都報」之說。佛家此說，實可以用來作為一切現代企業家和營銷人信奉不渝的一條箴言。馮諼用善糾正了孟嘗君的惡，使孟嘗君得有善報──在最危難的時刻得到了薛邑百姓的幫助。企業家、營銷人明乎此義，朝乾夕惕之，身體力行之，定然能夠贏得顧客、贏得市場，歸根到底受益的還是企業本身。

馮諼的「築窟」立意在於為孟嘗君留一條後路。但留後路是為了求生存，而求生存是人的本能，也是人應當享有的一種權利。問題的關鍵在於，求生存是建立在什麼基礎之上？是靠損人利己，犧牲別人以求生存呢？還是互惠互利，共同生存，在讓別人也能夠生存下去的基礎上獲得自己的生存？在這裏，因為謀求生存手段的不同，遂使生存本身也發生了倫理觀念上的是非之分。你要活，我要活，大家都要活，於是從中產生出了互生共存的觀念和思想。自從人類社會形成以來，互生共存就一直是一條基本的「遊戲規則」也就是法則。馮諼為孟嘗君留後路，是建立在互生共存這一法則基礎之上的，所以，馮諼的「留後路」以求生存是堂堂正正，無可指責的。現在，我們常常可以看到一些企業家或個人，靠損人利己，發不義之財而成了「暴發戶」。從表面上看，這些企業家和個人「生存」得也不錯。殊不知依靠損人利己獲得的生存，其基礎是不牢固的。因為它違反的正是互生共存這一人類社會，從而也是經濟領域的基本法則。城濮之戰以前，晉文公曾向兩位謀士諮詢作戰的策略。咎犯勸晉文公行欺用詐，雍季則認為不可。他說：「竭澤而漁，豈不獲得？而明年無魚；焚藪而田（同「畋」，獵也。），豈不獲得？而明年無獸。詐偽之道，雖今偷可，後將無復，非長術也。」竭澤而漁，魚打完了，漁夫也就餓死了；「焚藪而獵」，獸捕光了，獵人也就無法生存了。如果「磨刀霍霍向顧客」，想方設法地坑害他們，最終必將「搬起石頭砸自己的腳」，到頭來砸了牌子，毀了聲譽，開罪了顧客，也就是斷了生意與客路，歸根到底得惡報的還是自己。

雄辯家的口才

孔子云：「志有之：言以是志，文以是言；不言，誰知其志？言之無文，行而不遠。」意思是說，古書上曾有這樣的話：語言是用來充分表達意念的；文采是用來充實語言的。人若不說話，誰能夠知道他的意向呢？說的話若淡而無味，缺乏文采，那麼這話就不能廣傳遠播。

營銷人的各種業務活動，諸如爭取訂單，向客户介紹並推銷本企業的產品，協助老板參與接待客户、業務談判等等，都離不開口舌的功用。因此，如何掌握語言藝術，提高說話技巧，這對於營銷人來說就顯得格外重要。

營銷人怎樣才能使自己的話語雄辯而具有說服力？以下幾方面的語言修養相信是營銷人必須加強的。

一、注意說話的開篇與結尾。

一番成功的演說，應當具有引人入勝的開頭和感召力強的結尾。韓非子的〈初見秦〉一文是一個典範。〈初見秦〉是《韓非子》一書的首篇。這是韓非初見秦王時的一篇游說詞，它的開篇與結尾就很值得營銷人學習。在文章中，韓非劈頭便說：臣下聽說，不了解情況就發表意見是不明智的；了解了情況而不發表意見那就是不忠。「為人臣不忠當死，言而不當亦當死。雖然，臣願悉言所聞，唯大王裁其罪。」不智不忠均當死，但我仍然願意冒死進言。韓非先表明其無畏上言的決心，但並不立刻點穿所言何事。進言竟然要冒殺身之禍，話頭中所留下的韻味足以令聞者欲罷而不能，這就是「引人入勝」。緊接著，韓非分析了天下北起燕國，南至荊楚「合縱」攻秦的形勢，論列了合縱各國必敗，秦國必勝的理由，然後話鋒一轉，指出，秦國至今四鄰不服，霸王之業未成的根本原因就在於謀臣輔弼不當。議論的結尾，韓非點明了話題：欲破合縱之術，建立霸業，只有採納他的謀略。如果依照他的建議而「一舉天下之（合）縱不破，霸王之名不成，四鄰諸侯不朝，大王斬臣以循（殉）國，以為王謀不忠者也。」韓非的通篇演講，言峻據足，擲地有聲，張弛有度，首尾呼應，具有極強的說服力。

一次，廣東某公司與國外一家公司就一筆業務舉行談判。廣東公司的代表事先已經掌握了國外同類公司就該業務展開激烈競爭的各種情況，以及談判對手急欲成交該筆業務的迫切心理。在與外商談判的過程中，廣東的代表首先列舉了該筆業務對於談判雙方的重要性的幾組數據，然後有針對性地引用了一兩家國外同類公司希望與廣東公司洽談業務的材料。廣東公司的代表最後指出，我公司之所以選擇貴公司洽談，是因為貴公司信譽可靠，而且與我公司有長期的業務往來。此次洽談能否成功，最終取決於貴公司的誠意如何。一番話使對方談判代表深為折服，當場簽字成交，使得廣東公司節省了上百萬美元的資金。

二、證據充分、邏輯嚴密、態度誠懇。

韓非的主旨在於使秦王採納他的建議，他採取了先揚後抑的游説技巧。韓非指出，合縱各國的攻秦，是以亂攻治，以邪攻正，以逆攻順。合縱各國的亂、邪、逆表現在他們府庫不盈、囷倉空虛、政治黑暗、士氣不張；反之，秦國則地袤千里，師有百萬，號令出而賞罰行，民眾服而士氣旺。是故秦國為治、正、順。以亂、邪、逆而攻治、正、順，合縱各國必敗無疑。然而必敗者至今未敗，當勝者卻至今不勝，謀臣的輔弼無方當不得辭其咎。韓非以大量的例證說明秦國的輔臣其不當有三：敗楚而未滅楚，反與楚議和，自留隱患，致使楚國死灰復燃，成為合縱國的首領，此輔弼不當者一；圍梁而不拔梁，此輔弼不當者二；穰侯治秦，貪「以一國之兵而欲成兩國之功」，致使秦國兵露於野，民疲於內，此輔弼不當者三。有此三不當，遂使秦國失卻了三次立「霸王之道」的機會。此足見秦國的謀臣不足以輔弼秦王當大勢、立霸業。韓非所論事實充分，層次分明。何當先言，什語隨後，環環緊扣，邏輯嚴密，無懈可擊，令人不得不信服。而韓非不畏死以進言，亦足以表明其不以私利為謀，只替秦國前途著想的誠懇態度。對照上引廣東公司的代表在與外商談判時的做法：首先，互惠互利是現代經濟活動的一條準則。廣東代表以此發論，指出該筆業務對於雙方的重要性，堂堂正正，不卑不亢。在價格問題上，外商開始應諾得並不爽快。廣東代表及時點出多家外國同類公司均希望與廣東公司成交該筆業務的事實，證據充分，具有相當的威懾力；最後廣東代表點明該筆業務的談判成功與否，既與對方公司的信譽有關，同時更取決於對方的談判誠意。廣東代表既話中有話，含而不露，又反襯出己方重視信譽與誠意的一貫立場，致使對方在價格問題上作出了重大讓步，談判取得了成功。

三、巧用譬喻、畫龍點睛。

據《戰國策・楚策》記載，楚國的大將昭陽戰勝了魏國之後又準備移師伐齊。齊王派遣陳軫出使楚國去做說服工作。陳軫見到了昭陽，首先祝賀昭陽戰功顯赫，然後他裝作不知道的樣子問昭陽：「在楚國，立有覆軍殺將之功的，最高該賞什麼官爵？」昭陽道：「官該作上柱國，爵該賞上柱珪。」「比這更高級別的是什麼官位？」陳軫問道。昭陽答道：「只有令尹了。」陳軫說：令尹雖貴，但楚王怎會設置兩個令尹呢？讓我打一個比方給您聽罷：「楚有祠者，賜其舍人巵酒。舍人相謂曰：『數人飲之不足，一人飲之有餘，請劃地為蛇，先成者飲酒。』一人蛇先成，引酒且飲之。乃左手持巵，右手畫蛇，曰：『吾能為之足。』未成，一人之蛇成，奪其巵，曰：『蛇固無足，子安能為之足？』遂飲其酒。為蛇足者終亡其酒。」——就將軍您的現狀來看，將軍已經達到了能夠賞賜給您的最高官爵。您就是戰功再顯赫，官位爵祿也難以再加高了。可是您仍然堅持要破軍殺將，移師伐齊。況且您每戰必勝，給您什麼樣的官爵才能與您的戰功相匹配呢？須知「功高震主」。您自己的性命尚且難保，您還不知收斂，這不正是「畫蛇添足」嗎？昭陽聽了陳軫的譬喻，立刻解軍而去了。

美國一家百科全書出版社的推銷員上門推銷一部兒童百科辭典。他遇上了一位非常固執的太太。那位太太說什麼也不願意掏錢為孩子買一部百科辭典。我們現在且摘錄推銷員與那位太太的一小部分對話。

「我的孩子對書毫無興趣，為他花那麼多錢買一部百科辭典，這不是浪費嗎？」太太說道。

推銷員環顧了一下那位太太家中的陳設，對她家的房子不禁大加讚賞：「太太，我敢擔保，您這所房子至少有不下百年的歷史。它現在竟然還是那樣堅固，真讓人不可思議。」

「可不是嗎？」太太對推銷員的讚辭毫無警覺。

推銷員的神情立刻嚴肅起來：「可是太太您知道嗎？您的房子之所以歷經百年而至今堅固如初，那是因為當初房子的基礎打得牢固。要想讓您的孩子日後有出息，就得從小打下良好的基礎才行。而我們的百科辭典，正是為孩子打基礎用的。」

「我的孩子討厭讀書，請您不要逼我花冤枉錢吧！」

「我怎麼會逼您花冤枉錢呢？」推銷員柔聲說道：「夫人，熱愛孩子難道不是母親的天性嗎？難道孩子得了感冒，或四肢發育不良，您會對他不聞不問嗎？您一定早就帶他去醫院診治了。就是花再多的錢，您也心甘情願，您說對嗎？」

「這又有什麼相干？」

「怎麼不相干呢？感冒和四肢有病這只不過是身體的病；一個人頭腦也會得病，會得種種看不見的病。孩子的厭讀症就是其中的一種。我們的百科辭典正是醫治孩子厭讀症的良藥。您看，這書的插圖多麼漂亮，故事多麼有趣！為了醫治您孩子的厭讀症，難道您就不願意花那麼一點點錢為他買一部百科辭典嗎？您就願意眼睜睜地看著他變成一個頭腦簡單，沒有出息的人嗎？哪怕就當智力投資，您也該為您的孩子買一部兒童百科辭典呀！」

「我真服了你了，你可真會繞！」這位太太露出了笑臉，「每月的分期付款是多少？」她問道。……

畫龍點睛的譬喻，常可使人茅塞頓開，尤其在遇到固執己見而不悟的顧客時，推銷員不妨以此法一試。

經濟學家的頭腦

現代社會中的營銷人，已經不同於過去的那種「夫妻老婆店」裏的售貨員了。現代社會的營銷人，是連接企業和市場的橋樑。從企業的角度看，營銷人是與市場打交道最多的人。這就不僅要求營銷人一方面能夠將企業的產品順利地推向市場，完成企業產品由物質形態向貨幣形態的轉移；與此同時，營銷人還應當依託他們對市場的了解，成為企業駐紮在市場中的參謀與「喉舌」，能夠將市場變化的訊息及時地反饋給企業，以供企業制訂經營決策之用。這樣的營銷人才符合現代商品社會的需求。從這個意義上說，具有經濟學家的頭腦，具備分析市場變化的能力，對於一位合格的營銷人來說並不是過分的標準和要求，而是理應具備的品質。現代營銷人應當懂得經濟學、市場學、商品學、價格學、廣告學、管理學等經濟學科的各門學問。對於產品目標消費者的構成，他們的價值取向，購物時的心理動態，商品的潛在市場和購買力等情況，營銷人應該瞭如指掌。只有這樣，才能做到未戰先算，運籌定計。反觀歷史，在先秦諸子的思想和言論中就包含著豐富的、可供現代營銷人學習與借鑑之處。

韓非子曾經提出過一個「入多」與「事功」的經營原則。何謂「入多」？韓非子認為，任何經濟活動都必須核算其收、支兩方面的情況，用今天的話來說，也就是必須進行成本核算。收入大於支出，此所謂「入多」。這樣的事應當做或應當大做；反之，就不應該做或盡量少做。韓非子說：「舉事有道，計其入多，其出少者，可為也；惑主不然。計其入不計其出，出雖倍其入，不知其害，則是名得而實亡。如是者功小而害大矣！」這就是所謂「事功」，按照韓非的意思，「凡功者，其入多，其出少，乃可為功。」這就是說，收、支相抵以後，利潤愈高，亦即「入」得愈多，「功」也就愈大。營銷人要推銷其產品，目的當然是要賺錢，虧本的買賣是不可以做，或盡可能不做的。韓非子提出的「入多」與「事功」原則，也同樣是現代經濟活動最基本的原則之一，因此也是營銷人應該時刻牢記的準則。

那麼，怎樣才能「入多」，爭取儘可能高的利潤？什麼樣的價格才是自己這方面可以接受的？換言之，自己這方面產品的「底價」怎樣？「理想價」又是多少？這就需要營銷人對產品的成本進行認真的核算，必須考慮到影響產品價格的多種要素，如保險費、特殊包裝費、標籤費、承運人的費用等等。如果是外銷產品，還要考慮關稅、境外運輸費（如碼頭費、空運、海運、陸上運輸費等）、空中或海上保險費，以及給海外代理商支付的傭金等等。只有在摸透了成本構成的各種要素的前提下，營銷人在洽談業務時，才能夠對產品的定價做到心中有數。

營銷人又必須時刻掌握市場商情的變化，根據市場的供求狀況作出準確的市場預測和判斷。春秋末戰國初的三位大商人——子貢、范蠡、白圭的經商之道，就很值得現代營銷人學習與借鑑。

子貢是孔子的七十二位弟子中最富有的一位。《史記·貨殖列傳》說他「廢（出賣）著（居、停留）鬻財於齊、魯之間」而富致千金。子貢致富的原因很多，但他善於根據市場的供求變化作出正確的判斷，則是他能夠致富的根本原因。《史記·仲尼弟子列傳》說子貢「好廢舉，與時轉貨貲」。所謂「與時轉貨貲」，就是說了解市場信息，摸透市場行情，根據市場供求關係的變化來決定「廢舉」，即決定買進還是賣出。

范蠡曾經輔佐勾踐滅吳復國，他是春秋末年著名的政治家。吳國被滅以後，范蠡洞察出勾踐是一個只可共患難，不能同安樂的小人，於是「去齊亡陶」而經商，世人稱之為「陶朱公」。范蠡在十九年中「三致千金」，成為天下富商。范蠡經商，善於掌握時機。他認為，天時的變化是有規律可循的。年成的旱、澇、豐、歉都可以進行預測，並可以據此推斷糧食供求關係的短期、中期、長期趨勢。豐年糧價跌落，這時便應當及時購存；災年糧價上漲，又可以及時拋出，從中賺取差價。對於其他商品，也應根據天時的變化而採取不同的經營對策，「旱則資舟，水則資車」——當澇年車沒人要而價格低廉時預做車的生意；旱年時則根據同一原理預做舟船的生意。經營的商品種類，以迎合具有市場潛在購買力者最有利可圖。這就是著名的「待乏」原則。

白圭是戰國初期的著名大商人。他對經商之道極為自負，自稱「吾治生產，猶伊尹、呂尚之謀，孫吳用兵、商鞅行法是也。」白圭的經商原則是「人棄我取，人取我予。」「夫歲熟取穀，予之絲漆；繭出取帛絮，與之食」。這就是說，在豐年或歲熟時，農民急於脫售糧食（人棄），供過於求，導致糧價下跌，這時就應當及時收購（我取）；遇上荒年或青黃不接，人們對糧食的需求大增（人取），糧價上漲，這時就應該將糧食及時售出（我予）。白圭的「人棄我取，人取我予」和范蠡的「旱則資舟，水則資車」道理相通，都是根據市場供求關係的變化，來決定商品的經營品種和數量，賺取利潤，以求「入多」。

子貢、范蠡、白圭的經商之道，直到今天仍然具有借鑑的價值。

上海虹橋機場憑借其「壟斷」地位，機場內的餐廳一律實行「高價」政策：一碗餛飩一・七元，一碗雪菜肉絲麵竟然賣到了三十元。下機或候機的旅客無處用餐，饑腸轆轆之餘不得不在機場用餐，這一點，虹橋機場的管理者是心知肚明的。這也是機場敢於以高出市場價數倍的價格出售餐品的主要原因。對這種餐飲高價，驚嘆者有之，咋舌者有之，批評者有之，但很少有人會認識到這種不合理壟斷的不堪一擊，也很少有人能夠看出壟斷高價背後隱藏著的巨大商機。二〇〇二年四月，全球著名的快餐連鎖企業麥當勞在虹橋機場開出了全國首家機場餐廳，並舉起了單品售價不超過十元的標價牌，公開與機場餐飲的高價壟斷「叫板」。麥當勞機場餐廳的開張，大大滿足了候機和下機旅客的餐飲需求，輕而易舉就在虹橋機場的壟斷薄紙上戳開了一個窟窿。開張伊始，營業額就直線上升。麥當勞這種對於商機的敏感，與范蠡「旱則資舟，水則資車」的「待乏」原則可謂靈犀相通。

當連鎖成為一種趨時的商業業態時，精明的商家根據新的消費觀念，即消費是一種「休閒」、「享受」的「綜合消費觀」，又創造出了一種新的商業業態——購物中心

(Shopping-mall)。數年前，當經營面積達十三萬平方米的港匯廣場在徐家匯開張時，不少人對此心存疑慮：那麼大面積的購物中心，上海人能夠接受嗎？有誰能想到，兩年後，港匯廣場這一上海體量最大的「巨無霸」已成為徐家匯商圈的亮點，租金翻了一翻還多，等著進場的品牌供應商排起了長隊。「購物中心」的概念越做越大，成為繼百貨店、超市、大賣場、便利店、專賣店之後的又一商業新型業態。港匯廣場剛剛開張時，一樓最佳鋪位的租金和品牌都上不去，樓上的商鋪更是問津者寥寥。然而，經過兩年的市場培育，「購物中心」業態的巨大優勢顯現了出來：吃穿用玩樣樣齊備，連電影院、書店等也一應俱全。人們在這裏不僅可以購物，而且可以綜合消費。尤其是購物中心特有的五十％的大空間格局，一般的商廈與之相比簡直是捉襟見肘，嘈雜、擁擠、人頭攢動，摩肩接踵，這些一般商廈共有的購物環境被一種新型的、舒適而悠哉悠哉的新理念所取代，創造了獨特而舒適的購物環境。成熟的商圈使得港匯廣場呈慢熱型逐步升溫。一樓的租金目前已達到每天每平方米三・二美元，客流量已達到每天十五萬人次。也就是說，徐家匯的人流中，每五個人中必有一人去逛港匯廣場。「購物中心」這種新商業業態的問世同樣可以看作「待乏」原則的現代運用。

現在，再讓我們來看一看中國絲綢進出口公司某省分公司營銷員陸某的做法。

一九八四年，中國國內真絲織品滯銷。「我們公司還進不進貨？如果要進貨，進多少？」嚴峻的難題擺在了陸某的面前。雲飛星遷，憑著多年進出口工作的經驗，陸某這時的思緒飛向了巴黎、倫敦、紐約、東京以及上海、廣州等國內的大城市。陸某認為，國際上正在時興「綠色織品」，天然織物正越來越受到青睞，而人們對於化纖織物則日益冷淡。這種趨勢，在上海、廣州等沿海比較發達的城市中也已經初露端倪。由此看來，真絲織品在國內的滯銷只不過是一種假象。真絲織品應當具有巨大的市場潛力。現在真絲織品價格下跌，正是進貨的好時機。幾天以後，陸某擬就的進貨建議書連同一份材料詳實的可行性報告一齊放在了公司總經理的辦公桌上。總經理認真審閱了陸某的報告，果斷作出了大批進貨的決定。不久，真絲織品果然由滯銷轉為暢銷，公司當年創利一千八百萬元，在基期利潤上猛跳四倍。一九八五年初，大陸風行服裝熱，經營服裝成為一個容易賺錢的行當。當時，紡毛織品和低彈化纖織品比較暢銷，公司有人建議跟風吃進紡毛織品和低彈化纖織品。陸某的看法卻與眾不同。在一次公司業務辦公會議上陸某分析了國際國內服裝市場的狀況。他認為，從國際上服裝流行的趨勢來看，採用天然織物和具有高科技附加值的新面料正方興未艾。中國大陸因為改革開放不久，人民生活水平還不高，紡織原料的高科技投入也不夠，這是導致紡毛織品和低彈化纖織品在大陸服裝市場風行的主要原因。但「歐風美雨」不會一直吹打不到我們這裏。隨著改革開放的不斷深入和人民生活水平的不斷提高，國內服裝市場的流行趨勢肯定會逐漸與國際接軌。現在國內很多人見做服裝容易賺錢，大家一哄而起，都去進紡毛織品的低彈品種，這與國際流行的趨勢不合，而且市場已經飽和。我們公司的優勢在真絲織品，這正符合當前的國際流行趨勢。我們應當揚長避短。對於國內紡毛織品和低彈化纖織品的虛「漲」，切不可盲目跟風。陸某建議不要急於進貨。公司領導覺得陸某的話有道理，決定「等一等，看一看再說」。事隔兩個月以後，國內服裝市場果然跌入了「紡毛、低彈危機」，一大批企業因為盲目進貨而造成大量的庫存積壓和流動資金短缺。陸某所在的公司卻避開了這個「深淵」。

這家公司之所以作出一次進貨，一次不進貨的正確決策，是與陸某的正確分析與判斷分不開的。陸某的分析、判斷，建立在他豐富的知識與經驗的基礎之上，而他的基本思路，則恰與上引子貢、范蠡、白圭的經商之道靈犀相通。「眼界寬，頭腦活，具備了一個現代營銷人應當具備的經濟學家的頭腦。」這是兩年以後這家公司的總經理在推薦陸某擔任公司副總經理的職位時對他的評價。這也為現代營銷人指明了努力的方向。

藝術家的想像力

「怎麼？現代營銷人難道還與藝術家有什麼關係不成？」一些朋友在看了標題以後，或許會不解地這樣發問。

是的。現代營銷人不僅和藝術家有關係，而且還應當有不小的關係呢！

怎麼不是這樣呢？就拿對於藝術家來說最為重要的豐富的想像力來說吧！如果我們將想像譬為藝術家的靈魂，稱之為藝術家永保藝術青春的生命水和藝術家賴以進行藝術實踐和藝術創造的思維源泉，這些比喻恰當不恰當呢？這些比喻是恰如其分的。因為倘若藝術家被剪去了想像的翅膀，他的藝術生命也就枯萎或死亡了。被稱之為中國文學之父，辭章百家不祧之祖的屈原，正是憑著他豐富的想像力，創作出了流芳百世的不朽巨著《離騷》。在《離騷》中，那天國的漫遊求愛，神巫的卜卦求問；那被賦予了人的情感的風雲雷電、日月星辰，還有那種種瑰偉壯美的「人」「鬼」世界的交流，所有這些色彩斑斕的藝術形象，都是豐富的想像力的產兒。一位哲人曾經這樣說過：「每個人都會有那種瞬間的奇妙感覺，可是大部分人抓不住它。日常瑣屑的潮流把他們衝向前去了。他們來不及、顧不上去回味和體驗。有些人抓住了這種感覺，但不能賦予這種感覺以恰當的形式，表達不出來。只有少數人既能抓住瞬間的奇妙感覺，又能賦予它以恰當的形式。人的感受是與生俱來的，因此人要感受並不難，最困難的是賦予自己的感受以恰當的形式。天才與一般的聰明人的區別就在於此。也正因為這個原因，感受良好的人有許多，但其中只有少數人為世界文化寶庫貢獻了自己的東西。這極少數人便是藝術家。藝術家有著極其敏銳的洞察力。即使是日常生活中司空見慣的事物、人物或風景，藝術家也時時會以新鮮的、異乎尋常的眼光來進行觀察和透視，並會得出別具一格的映象來。在藝術家的心目中，大千世界，芸芸眾生，萬事萬物，都永遠閃現著驚奇與騷動……」

藝術創作離不開想像，出色的營銷也同樣離不開想像。讓我們先來看一個先秦諸子借助於想像進行「營銷」的例證。

秦昭王聽說孟嘗君賢明，想召他入秦，孟嘗君也準備應召前往。孟嘗君所有的門客都認為秦是虎狼之國，不能與之交往。上千人前來勸阻孟嘗君不要去秦，可是孟嘗君就是不聽。戰國著名的說客蘇秦也來勸阻，孟嘗君面帶怒容地對他說：

「人事我已經聽膩了，只是鬼事還未有所聞。不知先生能不能談一點鬼事？」

蘇秦答道：「小人今天來，就是想和大王談一件鬼事的。」

「願聞其詳。」

蘇秦娓娓道來：「今天在下前來見大王時路過淄水，正聽見一具泥人和一個用桃木刻成的木偶在那裏對話。只聽那木偶對泥人說：『你不過是一具用西岸之土揑成的泥人罷了。當八月雨季來臨，淄水上漲，那時你就要被大水泡酥沖走了。』泥人答道：『你說的不對。我本來就是西岸之土的產兒。即使大水將我泡酥，沖回到西岸，我不過是仍舊回我的故土罷了。而你卻是用東方的桃木雕成的木偶。等到雨季來臨，淄水上漲，那時大水也會將你沖走。試問你又將漂泊到何處去呢？』」

行言至此，蘇秦的神情嚴肅起來：「大人現在準備入秦。秦國地處關中，要塞四布，就如同一只鐵籠。秦人狠如虎狼，大人卻要入秦，您這不是自投虎口，有入無出嗎？」

你看，蘇秦的想像力是不是很豐富呢？木偶與泥人原本不可能對話，可是孟嘗君願聞「鬼事」而不想聽「人事」，蘇秦便打破常規，讓木偶和泥人對起話來。他用木偶暗喻孟嘗君，以大水暗喻秦國。意謂齊國地處秦國的西面，孟嘗君入秦，恰如那木偶由東向西沖去一樣。木偶雖能浮於水，表面看來強於泥人。可是木偶本來出自東土，大水將它沖到西岸。遠離了故土的木偶，就像一葉無根的浮萍漂泊不定，無處安身，無情的大水是絕不會讓木偶去而復返的。

由於蘇秦的一番話，「孟嘗君乃止」，上千人都未能說服孟嘗君，卻被蘇秦的一番「鬼話」說服了。問題的關鍵就在於蘇秦具有藝術家的想像力而其他的上千門客缺乏這一層修養。孟嘗君稱「人事已經聽膩」，這無疑是氣話，但其中透露出了上千門客之所以打動不了孟嘗君的一個重要原因，是因為他們的規勸——他們的「營銷」——都是一些令人乏味的說教，毫無新意。孟嘗君要蘇秦說一些「鬼事」，這也是氣話。言語中還帶有看不起蘇秦的意味，好像是說你蘇秦也不過和其他的門客一樣，只會「鬼話連篇」，說一些陳詞濫調罷了。但孟嘗君希望聽到聯想豐富，新鮮生動的說理，希望得到一個論據充分的理由，這個願望是真實的。蘇秦的高明之處就在於，他具有一位藝術家的氣質：他能夠從孟嘗君的氣話中捕捉到後者討厭平淡的說教，希望聽到真正能夠打動他的新鮮有趣、論據堅強的話語的念頭，這說明，蘇秦的洞察力是敏銳的；他用神奇的聯想，創造出一個木偶與泥人對話的故事，又借用幽默的語言，讓泥人說出一番含意雋永、發人深省的道理來。蘇秦的想像力也是豐富的，蘇秦的一番「鬼話」勝過上千門客所說的「人話」，實現了他的「營銷」目的，這說明，在營銷的過程中豐富的想像力有時會起到意想不到的作用。

景德鎮的瓷器在外包裝上有「白如玉，明如鏡，薄如紙，聲如磐」十二個字，可謂聲色俱佳，畫龍點睛。北京的「長城牌」牙刷以「一毛不拔」為廣告語，形容它的堅固耐用，可謂幽默誇張，恰到好處。杏花樓月餅的外包裝上嫦娥翩翩起舞，再配以「借問月餅哪家好，牧童遥指杏花樓」，充滿了古樸典雅詩情畫意的民族風味。這一些都是營銷借助於藝術想像力的例證。

南非暢銷書《羅伯茲非洲鳥類》對南非的八百七十種鳥進行了分類，是研究南非鳥類的重要參考書。這部書的銷售量僅次於《聖經》。此書之所以暢銷，不僅僅是因為該書內容翔實，插圖精美，裝幀一流，更重要的是該書配有南非八百七十種鳥中的四百七十五種鳥叫聲的錄音。這些鳥叫聲並非人工做作而成，而是鳥類專家萊恩·吉拉德多年來深入南非錄製的鳥叫原聲。錄音帶上的每一種鳥叫聲，其編號均與《羅伯茲非洲鳥類》一書的編號相同。當讀者翻閱該書時，只要打開錄音機，根據編號選放錄音，就可以聲色並貌地識音看圖，大大增進了對南非鳥類的感性認識，並增加了讀書的樂趣。

日本東京有一家T恤專賣店，多年來生意一直不錯。不料最近附近新建了一家超市，那裏的T恤品種多，花樣新，專賣店顯然不是它的對手。眼看生意一天天蕭條，專賣店經理不免暗自著急。一天，經理不經意間看見不少外國遊客都在購買當地的導遊圖，不覺靈機一動，計上心來。他想，近來旅遊業越來越興旺，東京的遊客也越來越多。那些初來乍到的遊客導遊圖總是少不了的。我們何不將東京的導遊圖印在T恤上呢？這樣一物二用，說不定能打開一條T恤的銷路也未可知。於是，經理立即向廠商訂購了一批背後印有東京導遊圖的T恤進行試銷，並在報紙上刊登了宣傳廣告。這一招果然靈驗，T恤的銷量甚至比以前還要好。這家專賣店的生意重新「火」了起來。

現代某些中藥的命名也不乏藝術的想像力。

凝結在尿桶和尿缸上的灰白色的塊狀物是一味清熱解毒、祛瘀止血的良藥。但考慮到人們厭惡那些骯髒而有臭味的東西，如果直白地告知病家藥中用了尿的結晶，病家很難接受。中醫遂以「人中白」稱之。「白」為白色，有潔淨之感；白而兼以「人中」，意謂此品採自人本身而潔淨無害。這種對尿的結晶物的命名恰到好處。蝙蝠的糞便有清肝明目、散瘀消積之功效。中醫以「夜明砂」稱之。「砂」為砂礫狀，食之可以「夜明」，這既符合蝙蝠糞便的形狀，又符合它所具有的明目的功效。蚯蚓也可入藥。但一想到蚯蚓那蠕動的身軀和黏呼呼的分泌物，如果直呼其名不免會使病家作嘔。而「龍」體形彎曲，與蚯蚓相似，在中國人的觀念中龍又是吉祥如意的象徵，且有降妖伏魔之力，中醫遂將蚯蚓稱之為「地龍」。同理，中醫稱壁虎為「天龍」，稱蛇在成長過程中蛻落的蛇蛻為「龍衣」，稱蟋蟀為「將軍乾」。以上例證表明，在為某些中藥命名時，我們的祖先是不乏藝術的想像力的。尿的結晶、蝙蝠的糞便、蚯蚓、壁虎，中醫在為其命名時，不僅做到了「形似」，而且做到了「神似」。這樣做，不僅避免了病家可能引起的不良心理反映，從而影響療效，而且經過這樣一番「包裝」，反而有一種「化腐朽為神奇」的「點石成金」之感。

強本篇

誠招天下客

據《戰國策・燕策一》記載，燕昭王即位於燕國被齊國挫敗，亟待振興之際。昭王「卑身厚幣，以招賢者，欲將以報仇」，於是往見郭隗先生，向他請教招賢求能，興國報仇的良策。郭隗對昭王講了一個「千金市骨」的故事。他說：「臣聞古之君人，有以千金求千里馬者，三年不能得。涓人言於君曰：『請求之。』君遣之。三月得千里馬，馬已死，買其骨五百金，反以報君。君大怒曰：『所求者生馬，安事死馬？而捐五百金？！』涓人對曰：『死馬且買之五百金，況生馬乎？天下必以王為能市馬，馬今至矣！』於是不能期年千里之馬至者三。今王誠欲致士，先從隗始。隗且見事，況賢於隗者乎？豈遠千里哉！」燕昭王聽了郭隗一番話，乃「為隗築宮而師之」。不久，果然「樂毅自魏往，鄒衍自齊往，劇辛自趙往，士爭湊燕」。燕昭王「吊死問生，與百姓同其甘苦」。如此二十八年，燕國殷富，「於是遂以樂毅為上將軍，與秦、楚、三晉合謀以伐齊，齊兵敗。」

郭隗所說的涓人用五百金買回一堆馬骨，這事可能帶有虛構的成分，不足為信。重要的是燕昭王信奉「千金市骨」這個故事所揭示的道理。他的招賢求士的誠意，「卑身厚幣，以求賢者」的作風，為郭隗築宮，拜他為師，這些卻都是真實可信的。正因為昭王招賢求士的真誠，結果，樂毅、鄒衍、劇辛等一時名士紛紛離開他們原先服務的國家，前往燕國。一時間「士爭湊燕」，燕國人才濟濟，這就為燕的強盛奠定了堅實的基礎。

《韓非子．說林上》也記載了兩則發人深省的小故事。

樂羊是魏國的大將。一次，他率軍去攻打中山國。當時，樂羊的兒子正在中山國當人質，中山國的國君見樂羊竟幫助敵國，就將他的兒子烹了，作成肉羹，派人送給樂羊。「樂羊坐於幕下而啜之，盡一杯。」魏國國君得知此事，大為感動，他對一位名叫堵師贊的謀士說：「樂羊是為了我才吃他兒子的肉羹的。這樣的忠臣到哪裏去找啊！」不料堵師贊卻說：「樂羊兇殘。他連自己兒子的肉都能吃，還有誰的肉他不能吃呢？」魏國君聽堵師贊這麼一說，不覺起了疑心。後來，樂羊大敗中山國。在論功行賞時，魏君也不多說什麼，只是拿出來一大疊別人檢舉揭發樂羊的信讓他自己去看。樂羊看後嚇得面如土色，連連叩頭，再也不敢提領賞的事了。

魯國的貴族孟孫氏，帶著謀臣秦巴西去打獵，捕獲了一頭小鹿，叫秦巴西將小鹿送回去。母鹿一路上跟在秦巴西的車後哀鳴，秦巴西見狀，於心不忍，就將小鹿放了。孟孫氏打完獵回到家中，向秦巴西問起那隻小鹿，秦答道：「予弗忍而與其母。」孟孫氏聽後大怒，將秦巴西逐出門下。過了三個月，孟孫氏要為兒子找老師，就又把秦巴西招了回來。孟孫氏的車夫對此困惑不解，問道：「秦巴西是有罪之人，怎麼能讓他來擔任太傅呢？」孟孫氏說：「秦巴西對待小鹿都能夠懷有真誠感人的憐憫之心，他又怎會狠心待我的兒子呢？」

樂羊戰功赫赫，因為吃了兒子的肉，結果反而見疑；秦巴西自作主張，釋放小鹿有過，卻「因禍得福」，最終獲得了信任。這其中的道理何在呢？最根本的原因就是樂羊和秦巴西兩人的品性不同，為人各異：樂羊生性殘忍，為人巧詐多謀。他吃兒子的肉羹，竟然不動聲色，甘之如飴，這大大違背了人之常情。古人說：「不立異以為高，不逆情以干譽。」樂羊的做法，表面看來似忠似誠，但這種「忠誠」虛偽做作、令人作嘔，不寒而慄；秦巴西放掉小鹿，完全出於衷心的慈愛，老老實實，天性流露，給人留下了真誠的印象。這種真誠感人至深。所以，韓非在說完這個故事後留下了一句千古名言：「巧詐不如拙誠」！

「誠招天下客，信收海內心。」燕昭王和秦巴西都得益於真誠。真誠，是一個千古不泯的為人處事的真理。春秋戰國時的社會需要它，現代商品社會更需要它。在現代營銷的過程中，真誠也同樣是一個通向成功之路的無上法寶。「『做生意』，歸根到底就是『做人』。」只有真誠的人，才能做得成大生意；而弄虛作假者，可能得逞於一時，卻不能成功於一世。這樣做終究會弄巧成拙，是要遭到失敗的。法國哲學家盧梭說：「如果說理性造就了人類，那麼，引導人類的便是感情。」感情是真誠的同意語。沒有感情的人不可能是一個真誠的人；一個感情豐富而真摯的人，也一定是一個真誠的人。真誠是營銷員用以吸引顧客，爭取市場的百試不爽的利器。無數成功的例證都說明了這一點。

美國希爾頓酒店的董事長康納·希爾頓要求酒店的員工每天都問一問自己：「今天

我對客人微笑了沒有？」他對員工說：「請你們大家想一想，如果酒店只有一流的硬體設施，而沒有一流的服務與真誠的微笑，顧客們會認為我們已經提供了他們所最需要的東西了嗎？如果缺少服務員的真誠的微笑，這就好比花園裏失去了春天的陽光或春風。假若我是顧客，我寧願住進那雖然地毯陳舊，卻處處可見真誠微笑的酒店，也不願意走進那些設備一流，但卻看不到微笑的地方。因此，我提請各位務必記住：無論酒店本身遭遇到何種困難，希爾頓酒店服務員臉上的微笑，永遠是屬於顧客的陽光。」從一九一九年希爾頓創辦第一家酒店，到一九七六年，希爾頓已經擁有了七十家大酒店。現在，希爾頓酒店已經遍佈世界各大都市，資產也從最初的五千美元發展到了數十億美元。「真誠的微笑」是希爾頓獲得事業成功的重要原因之一。

美國的汽車營銷員吉拉德曾經連續十一年創造了轎車和卡車銷售的世界記錄。吉拉德成功的原因也在真誠。他曾說過：「當顧客將車開回來要求給予修理或提供服務時，我總是竭盡全力為他們爭取到最好的東西。這時，你必須把自己變成一位醫生。顧客的車出了毛病，你應該為他們感到痛心。」凡是經吉拉德的手買過車的顧客，每個月都會收到吉拉德贈送的一張精美的明信片。這小小的明信片成了聯繫吉拉德和顧客的紐帶——吉拉德真心誠意地把顧客記在心中，顧客自然也就記住了吉拉德這位精明而誠實的營銷員。

ＩＢＭ（美國國際商用機器公司）規定，凡是本公司出售的計算機，在接到用户的報修中請後必須在二十四小時內由公司派出專業維修人員前往維修。一次，亞特蘭大的一家公司使用的ＩＢＭ的計算機發生了故障，公司立即派出多位計算機專家在八小時內趕到亞特蘭大，對計算機的故障進行會診。這件事給亞特蘭大的那家公司留下了深刻的印象。實際上，ＩＢＭ的信條即「ＩＢＭ就意味著最佳服務」。曾經接受過ＩＢＭ的優質服務的絕不僅僅是亞特蘭大一家公司，而是千千萬萬的ＩＢＭ的用户。正是依託高質量的服務，ＩＢＭ在強手如林的計算機製造和銷售領域內擁有了一席之地。

美國的一家生產推土機和鏟車的企業，向顧客作出了如下承諾：「凡購買了本公司產品的用户，當您需要更換零件時，無論您身處何處，本公司保證在四十八小時內將零件送達您的手中。若不能在四十八小時內將零件送達，本公司將以該零件奉送給用户。」這一承諾使公司付出了高昂的代價。有時為了將一個價值僅五十美元的零件送到邊遠地區，公司不惜雇傭直升機送貨，運費高達二千美元。實在無法在規定時間內送貨到家的，公司就將客户要的零件白白奉送，正是這表面上看起來得不償失的售後服務，打造出了這家推土機公司的金字招牌。其年營業額始終保持穩定增長，公司最終成為了這一領域的著名生產廠商。與這家公司的「收入」相比，他們的「付出」，其代價到底是「高昂」還是「低廉」？相信理智的企業家都會作出判斷。

現代營銷人應該時刻牢記「真誠」二字。應當以孔子所說的「己所不欲，勿施於人」作為自己的信條，設身處地地為顧客著想。最終您必有俗語所謂的「精誠所至，金石為開」的收穫。只要真誠地善待顧客，一定會使您生意興隆，財源廣進。

譽從信中來

相信大家都曾經聽過老輩講的那個平凡而雋永的「狼來了」的故事：一個小孩在山上放羊，他對山下的人撒謊喊道：「狼來了！」「狼來了！」山下的人跑上山來相救，一看原來是孩子在撒謊。後來，小孩在放羊時狼真的來了，他再次呼救，山下的人以為孩子又在撒謊，不去理他，結果，孩子和羊都被狼吃掉了。老輩人每一次講這故事，末了總要叮囑一句：「千萬不能撒謊啊！撒謊是要送命的！」

在中國歷史上，又有一個「周幽王烽火戲諸侯」的故事：周幽王昏庸無道。為了搏得寵妃褒姒一笑，他竟點燃了報警用的烽火。各路諸侯看到烽火四起，以為外敵入侵，忙不迭地率軍前來相救。到了一看才知道周幽王是在戲弄他們。後來，周幽王真的遇到了危險：中侯聯合犬戎舉兵反叛。這時，周幽王再一次點燃了烽火，可是因為他已經失信於諸侯，諸侯不再率軍相救了。結果，周幽王被殺，西周就此滅亡。

把這兩個故事連起來看，它們的精神內核是如此相似：小孩送命，周幽王被殺，西周滅亡，都是因為「撒謊」或曰「失信」。老人們對小輩不厭其煩地叮囑，歷史學家在史書上鄭重其事地記載下周幽王被殺一事，其用意都是告誡我們：務必恪守信用。

守信譽，講信用，這在中國是有古老的傳統的。孔子就教導我們：「人而無信，不知其可也。大車無輗，小車無軏，其何以行之哉！」「輗」和「軏」都是置於車杠即「轅」的前端與車衡銜接處穿孔中的關鍵。用於小車的謂之「軏」，用於大車的謂之「輗」。孔子的意思是說，一個人如果不守信譽就像車轅與車衡的銜接處缺少了一個關鍵的樞機。這樣的人，怎麼能夠立身處世呢？據《韓詩外傳》記載，孟子小時候看見東家在殺豬，便問母親：「東家為什麼要殺豬？」母親回答說「是要給你吃肉。」說完這話，她非常後悔，心想：「我懷孟子這孩子的時候，席不正不坐，割不正不食，這是胎教啊！今天我明明知道而欺騙，這是教孟子撒謊了。」於是，孟母向東家買了豬肉給孟子，「以明不欺也」。這個孟母教子的故事是大家所熟知的。孔子的弟子曾子之妻也發生過類似的事。《韓非子．外儲說》中說：「曾子之妻之市，其子隨之而泣。其母曰：『汝還，顧反為汝殺彘。』妻適市來，曾子欲捕彘殺之。止之曰：『特與嬰兒戲耳。』曾子曰：『嬰兒非與戲也。嬰兒非有知也，待父母而學者也，聽父母之教。今子欺之，是教子欺也。母欺子，子而不信其母，非所以成教也。』遂烹彘。」類似這樣的故事還有。宋代邵博《聞見後錄》中記載了一段大史學家司馬光本人的回憶：「司馬光曰：『光五六歲時，弄核桃。女兄欲為脱其皮，不得。女兄去，一婢以湯脱之。女兄復來，問脱核桃者，光曰：自脱也。先公適見之，呵曰：小子何得謾語！光自是不敢謾語。』」

從以上所舉的幾個例子來看，所謂的「信」就是誠實不欺。俗話說：「君子一言，駟馬難追。」東漢大儒許慎的《説文解字》釋「信」曰：「信，誠也，從『人』、

『言』。」清代的大學問家段玉裁為《說文解字》的釋「信」作注：「人言則無不信者，故從『人』、『言』。信，言必由衷之意。」這裏，段玉裁甚至將「言而有信」提高到了判定你還是不是一個「人」的高度。《韓非子・外儲說左上》記載了這樣一件史事：晉文公攻打原這個地方。他與部下說好了用時十天。十天過去了，原還沒有攻下來。這時，晉文公下令收兵。他的這一舉動，甚至連原這方面的士兵都感到迷惑不解。他們中間有人跑出城來對晉文公說：至多再用三天時間，原必被攻克無疑，您為什麼要急於收兵呢？晉文公的部下也齊聲諫阻說，原地已經是彈盡糧絕，務必請大人再堅持數天，拿下原以後再撤兵。晉文公回答說：「吾與士期十日，不去，是亡吾信也！得原失信，吾不為也。」遂罷兵而去。原地的軍民聽了都說，有這樣守信用的國君，我們為什麼不去歸附他呢？於是主動向晉文公投降，原地不攻自破。這一件事甚至波及到了衛，連衛國人聽說此事後也說：「有君如彼其信也，可無從乎？」於是也歸附了晉文公。孔子對此事發表議論認為，晉文公「攻原得衛者，信也。」韓非子在敘述了這件事以後也感慨地說：「小信成則大信立，故明主積於信。」

在現代商品社會中，時時處處都要講信用。搞經營，做買賣，無信不行，無信不立。據說，十六兩稱制的發明者，當時曾經煞費了一番苦心：每一兩用一顆星來表示。取北斗七星、南斗六星，再加上福、祿、壽三星，共計十六星。又以金、銀兩色鑲嵌在秤桿上，隱喻星（心）地純正，買賣公平，則福、祿、壽俱全；倘若短斤欠兩，缺一兩「損福」、缺二兩「傷祿」、缺三兩「折壽」。這雖然是傳說，但卻從中反映了人們對誠信不欺的重視和對買賣公平的嚮往。

信譽，看起來是那樣虛無縹緲，不可捉摸，實際上它卻是實實在在地存在著的。信譽是在長期的商品交換中形成的顧客對商品生產者、經營者的一種信賴感，它表現為消費者對某一企業的忠誠度。古往今來，有遠見卓識的企業家和營銷人，無不像愛護自己的生命那樣愛護本企業的信譽。那種「無商不奸」的說法，乃是庸俗短見者的信條。「夏蟲不可以語秋」，所謂「坐井觀天，曰天者小，非天小也，所見者小也」，這種人是不足以成大事的。

譽滿全球的多米諾公司的總裁弗爾塞克給他的公司訂下一條鐵的規定：必須保證按時將顧客的訂貨送到預定的地點。有一次，公司偶發了事故，導致貨物未能及時送到供貨地點。弗爾塞克便讓人買回一千多個悼念死者用的黑紗，命令公司全體員工佩戴了好長一段時間，以此表示對這次不幸事故的哀傷，引以為戒。多米諾公司命令全體員工佩戴黑紗的做法是否恰當，可以另當別論。但公司視信譽為企業生命的這種精神和決心，則值得每一位企業家和營銷人學習。多米諾公司之所以能夠在不長的時間內發展成世界一流的企業，按照弗爾塞克的說法，原因就在於：「永遠要將信譽放在企業經營方針中最重要的地位上加以考慮，只有這樣，才算抓住了一切企業經營活動的『牛鼻子』。」

「雪印食品」是日本一家有著七十多年歷史的肉食品行業的龍頭老大。由於雪印公司的產品質量好，搏得了廣大消費者的青睞，雪印公司也像滾雪球一樣發展起來。在不長的時間內形成了一個專門從事牛奶、乳製品、肉類食品等產品的生產、加工、批發、銷售、運輸一貫作業服務的擁有一百一十多家子公司的大型集團公司。截至二〇〇〇年六月，雪印的產品市場占有率為日本全國第一。「雪印」商標也一度成了日本「放心奶」、「放心肉」的代名詞。但是，雪印公司在取得了成功以後沒有居安思危、與時俱進，公司高層對於信譽的重視程度也隨著公司業務的擴張而開始放鬆。二〇〇〇年六月，日本各地相繼出現了消費者因為飲用雪印乳業公司生產的低脂牛奶而發生集體中毒的事件，中毒人數多達一‧四萬人。事件發生後，日本全國約有近萬家食品連鎖超市停止了對雪印乳業公司生產的乳製品的進貨和銷售。雪印乳業的產品市場占有率急劇下滑，雪印品牌的顧客忠誠度也大大降低，公司經營一度陷入了困境。照理來說，在經歷了這次事故之後，雪印公司應當痛定思痛，吸取教訓，重新樹立起消費者對雪印的信心和忠誠度。然而，雪印公司未能汲取教訓，卻在坑害消費者的錯誤道路上越走越遠。二〇〇一年九月，日本發現了亞洲首例狂牛症，這在整個日本引起了極大的恐慌。這時，雪印食品卻乘機牟利，用進口牛肉冒充國產牛肉，以騙取政府的大筆補助金。二〇〇二年一月，日本新聞媒體披露了雪印公司偷樑換柱的做法，這一事件在廣大消費者中掀起了軒然大波。事件發生後，雪印食品公司立即採取了以吉田升三社長為首的全體管理層謝罪辭職的措施，雪印集團也發表了向廣大消費者的謝罪聲明，希望新的公司領導班子能夠力挽狂瀾，重整旗鼓。但這一切為時已晚。一個品牌要在消費者的心目中樹立起來，往往需要幾代甚至十幾代人嘔心瀝血、艱苦卓絕的苦心經營，但毀壞這一品牌卻只在轉瞬之間。信譽之塔在消費者的心目中一經崩塌，又豈是靠一兩個公司領導人講幾句謝罪的話就能夠挽回得了的。如果說二〇〇〇年的中毒事件曾經給過雪印公司一次挽回信譽危機的機會的話，那麼，公司領導層沒有抓住這次機會。錯失了良機的雪印公司在遭到「狂牛症事件」的打擊後終於一蹶不振。二〇〇二年二月二十二日，公司宣布解散。這個存在了半個多世紀的日本乳製品行業的龐然大物終於在一夜之間轟然倒塌，「雪印」這一個好端端的品牌也被徹底打碎，從此退出了歷史舞台。

二〇〇二年三月十五日的文匯報以「差距只在一『信』字」為題，報導了山東省廣饒、利津兩縣因一講信譽一不講信譽而導致經濟發展狀況「兩重天」的事實。地處黃河口的廣饒縣和利津縣同屬山東省東營市，相隔不過數十公里。十年前，兩地的經濟狀況還難分伯仲。可如今，廣饒在經濟上已經遠遠地走在了前面。二〇〇〇年廣饒縣實際工業總產值近九十億元，而利津縣只有三十多億元。兩縣的工業基礎原本相差無幾，兩縣的經濟發展為什麼會產生如此大的差異呢？原來，前些年適逢經濟結構調整，銀行緊縮銀根，許多鄉鎮和地方企業步履維艱。這時，不少地方和企業紛紛藉改制之名逃避金融債務。廣饒人沒有這麼做。廣饒縣官員一再明確要求企業不能借改制之機逃避金融債務。對那些瀕臨倒閉的企業，由縣政府出面作保，讓那些效益比較好的企業先將其債務全部承擔落實下來，由政府部門想辦法逐步消化。連續五年，廣饒縣金融機構家家盈利。廣饒人營造的良好的信用環境，使銀行敢於並樂於向企業貸款。這為廣饒的經濟發展提供了堅強的後盾。正是在這段時間內，廣饒的經濟逐漸與利津拉開了距離。面對同樣的處境，一些利津人採取了和廣饒人截然不同的做法。從一九九五年起，利津的一些企業在改制過程中採取「母體分離」、「嫁接改造」等形式，目的是為了投機取巧，逃避債務。他們「懸空」銀行債務，進而又以破產為名，另組新企業。在利津，竟然有半數的縣屬企業存在逃債行為。這使得利津的銀行損失慘重。短期利益行為，嚴重破壞了利津縣的信用環境。二〇〇〇年，設在利津的銀行只有一家盈利，利津成為金融高風險區。無奈之下，工商銀行和中國銀行只得先後撤出利津。信用根基的動搖與損壞，使得利津的經濟發展受到了嚴重的制約。那些通過逃避債務的企業，雖然獲得了暫時的喘息，但由於得不到銀行的支持，很快再次陷入了困境。

多米諾公司、雪印公司和文匯報報導的利津縣的實例，從正反兩個方面充分說明了「譽從信中來」在現代經濟活動中的重要性。誠信為本，這是為人之本，也是生意之本。管子曰：「誠信者，天下之結也。」「恪守信譽」這四個大字，就是每一個人的「通靈寶玉」，是「命根子」。現代營銷人要像愛護自己的生命那樣維護信譽。須知誠信「金不換」，方可換得金，賺得銀。深諳此理，焉與「財富」無緣？

多算勝少算

《孫子兵法》說：「夫未戰而廟算勝者，得算多也；未戰而廟算不勝者，得算少也。多算勝，少算不勝，而況乎無算乎？吾以此觀之，勝負見矣。」孫子的意思很明白，即是說，在戰爭尚未開始之前，作戰的計劃嚴密周詳，制勝的條件就多，就可以取勝；反之，開戰前缺乏周密的計劃，制勝的條件就少，就難以戰勝敵人。所以，計劃周詳者勝，計劃不周者敗。根據計劃的周詳與否來觀察判斷，勝敗之數已經可以預料了。

孫子說的是打仗。推而廣之，做任何事，周密的計劃都是不可或缺的。計劃也就是「思」。「思而後行」，這比草率行事，毫無計劃要好得多。不僅「思」，而且「再思」、「三思」，使計劃盡可能周詳、嚴密，這樣，勝算的把握就更大。事前無計劃，等到事情辦糟了再去糾正，所謂「時過然後學」，那必然是事倍功半，「扞格而不勝」。「人無遠慮，必有近憂」，說的就是這個道理。

俗話說，「商戰如兵戰」。用打仗必須計劃的觀點來看現代營銷，道理也是相通的。在市場競爭中，競爭的雙方客觀上處在相互對立和對抗之中。我希望戰勝對手，對手也希望戰勝我，商戰的雙方無不想壓倒對方，儘可能多地占有產品的市場份額。這就需要現代營銷人根據主、客觀條件，分析敵我，嚴密周詳地作出計劃，這樣才能穩操勝券。萬不可草率行事，不備而戰，致使在競爭中遭受失敗。

商戰離不開計劃。那麼，計劃的根據何在呢？市場的情況千變萬化，要想使主觀認識與客觀實際相符，就要根據市場的實際情況來製訂計劃。在這一點上，孫子同樣給我們提供了可資參考的教誨。孫子認為，在制訂作戰計劃時，應當考慮五個方面的情況，從中探求勝負的機率與可能。這五個方面是：道、天、地、將、法。孫子進而解釋這五「要」：「道者，令民與上同意也，故可以予之死，可以予之生，而不畏危；天者，陰陽、寒暑、時制也；地者，遠近、險易、廣狹、死生也；將者，智、信、仁、勇、嚴也；法者，曲制、官道、主用也。」讓我們根據孫子所說的這五個方面來看一看它與現代營銷的相通之處。孫子所謂的「道」，可以理解為一種企業精神。它是企業進行一切經濟活動的「精氣神」。企業的領導人要努力營造一種上下一致，同心同德的氛圍，使得全體員工與企業同命運，共呼吸，危難不懼，生死與之。這是戰勝對手最主要、最基本的條件。孫子所謂的「天」、「地」，就是天時、地利。也就是說，比起別家的產品來，自己的產品是否更加合乎潮流，合乎時令？是否更加符合某地人們的習尚與愛好？孫子所謂的「將」，是指企業的經營者和營銷人。作為企業的經營者和營銷人，應當自我思忖一番，對付複雜多變的市場風雲，自己的智慧與謀略如何？是否臨事果斷？嚴於律己？不苟且，不鬆懈？孫子所說的「法」，就是指企業管理。它需要考慮的問題是企業的組織是否嚴密？規章制度的制訂是否合理？人員的編制是否得當？企業的經營有方嗎？等等。

制訂計劃，除了上述五方面的問題需要考慮外，孫子還提出了人我對比的七點要求，從對比中探求戰爭勝負的可能性。這七點是：人我雙方，哪一方的軍力較強？哪一方的士卒訓練有素？哪一方的國君比較賢明？哪一方的將帥較有才能？哪一方占有更好的天時、地利條件？哪一方紀律嚴明？哪一方賞罰分明？根據這七點的相互對比，就可以大致判斷出敵我雙方的勝負了。「故曰：知彼知己者，百戰不殆；不知彼而知己，一勝一負；不知彼，不知己，每戰必殆。」

另外，孫子在他的〈作戰篇〉中又指出：「凡用兵之法，馳車千駟，革車千乘，帶甲十萬，千里饋糧，則內外之費，賓客之用，膠漆之材，車甲之奉，日費千金，然後十萬之師舉矣。」「其用戰也勝，久則鈍兵挫銳，攻城則力屈，久暴師則國用不足。夫鈍兵挫銳，屈力殫貨，則諸侯乘其弊而起，雖有智者不能善其後矣。故兵聞拙速，未睹巧之久也。」這裏，孫子將軍費的開支和國家的財政負擔，同樣作為克敵制勝的重要因素。打仗要考慮經濟成本，要量力而行，要考慮「鈍兵挫銳，屈力殫貨，則諸侯乘其弊而起」的政治後果，那麽，市場經濟中的任何經濟活動，就更要量力而行，考慮成本和效益了。因為成本核算是直接關係到你是否會被對手擠出競爭舞台的「政治問題」。如果你不顧己方的財力、物力，一味地求大求全，那就正中了對手之意，其結果必然是對手未疲我先疲，對手未敗我自敗。

市場營銷既是一門高深的學門，更是一門「實踐」的學問。其涉及的面之廣，要應付那種風雲變幻的複雜局面，既不能不「學」無術，漠視營銷本有的規律而胡亂與之，又不能教條主義，死板硬套，而必須靈活運用，符合實際，這就需要加強學習。「天助自助者」，「學習」、「多算」是謂「自助」。「不滿於已知而力學不倦，自立者也；不知其不知而不學，自敗者也。」只有不斷地學習，並根據實際情況的變化而「多算」，這樣才能步入營銷學的堂奧。

圖難於其易

在日常生活中，常常可以看到這樣一種人：他們眼高手低，志大才疏，華而不實，脆而不堅。有一幅專門為這種人畫像的對子，道是：

牆上蘆葦，頭重腳輕根底淺；山間竹筍，嘴尖皮厚腹中空。

不言而喻，這種作風是要不得的。用它律己，害了自己；用它處世，處處碰壁。任何事情，只有腳踏實地，認認真真，從基本的小事做起，才能成功。韓非子在他的〈喻老篇〉中說：「有形之美，大必起於小；行久之物，族必起於少。故曰：天下之難事必作於易，天下之大事必作於細，是以欲制五者於其細也。故曰：圖難於其易也，為大於其細也。」韓非子進而舉例說：千丈之堤，潰於螻蟻之穴；百尺之室，焚於突隙之煙。白圭之所以不會遭到水難，那是由於「白圭之行隄（堤）也塞其穴」；丈人的房屋能夠安然無恙，不遭火災，那是因為「丈人之慎火也塗其隙」。所以，立身處世需「慎易以避難，敬細以遠大」，意思是說，只有重視細微的小事，才能成就大事；只有從小事做起，才能幹成大事。

世界上怕就怕「認真」二字。有些事情，看似簡單，倘若不是以認真的態度對待之，簡單的事情也就做不成。反之，有些事看起來很困難，但若能不偷懶，不苟且，鍥而不舍，孜孜以求，再大的困難也是可以克服的。《禮記・中庸》說：別人一次能夠做成的，我用一百次去做成它；別人十次做成的，我就用一千次去做成它。如果能夠這樣，再愚蠢的人也會變得聰明起來。

《莊子・達生篇》講了一個老人承蜩的故事。一次，孔子到楚國去，路過一片樹林，看見一位駝背老人用長竹竿在那裏黏蜩蟬。老人承蜩的技術十分熟練。孔子就問老人：您黏蜩蟬這樣有把握，這其中有什麼奧秘嗎？老人回答說：要說奧秘，當然也有一點。當我將兩個滾圓的彈丸累疊在竿頭而不滑落時，我在黏捕蜩蟬時就很少有失誤了；當我在竿頭累疊起三個彈丸而不滑落時，黏捕蜩蟬的失誤就只有十分之一了；當我在竿頭累疊起五個彈丸而不滑落時，黏捕蜩蟬時就能夠百發百中，如同拾東西那樣方便。所謂奧秘，也只不過是我對基本功的勤學苦練而已。目標既定，專心致志，注意力全部集中在蟬翼之上，任何外來的事物都不能干擾我，這樣，哪會有不成功的道理呢？孔子聽了老人的一番話，感慨地對弟子們說：外不分心，才能聚精會神，說的就是這位承蜩老人啊！

不難想像，這位承蜩老人年事已高，又是駝背，身體條件可謂差矣。要將彈丸兩個、三個、五個疊累在竿頭而不滑落，這對於年邁體衰的老人來說該有多難啊！然而老人卻以驚人的毅力苦練不止，鍥而不捨，終於練就了一身承蜩的真本事。

與上述的故事相反，《孟子・告子上》諷刺了一個向弈秋學棋的人：他心不在焉，魂不守舍，一邊聽著弈秋講解棋藝，一面想著天上的飛鴻。此人雖然不笨，結果學棋半途而廢，一無所成。難怪孟子說：弈棋本是雕蟲小技，但若是不專心致志地學習，一樣是學不成的。

聯繫到現代營銷，在營銷工作中，是否也有一些看起來容易，但由於不重視，不認真對待而做不成的事呢？是否有那些看來困難，但經過努力而能夠做到的呢？以上兩方面的情況相信都是存在的。例如，我們常常說「顧客就是上帝」，「一切為了顧客」。你去問每一位營銷人，沒有誰不知道這兩句話的。營銷人在接待顧客時要熱情周到，和藹可親，這看起來並不難，但要你時時、事事、處處都能這樣作，那就不是一件容易的事了。有些營銷人不是以顧客為中心，而是以自我為中心。他們的臉，他們的態度，就是他們心情的「晴雨表」：心情愉快時，他們對顧客或許能夠做到和藹可親；心情不好時，他們就會板著面孔，打起「官腔」，甚至將顧客看成「出氣筒」，態度粗暴，惡語傷人。又如，現代營銷人應當做到三勤：眼勤、嘴勤、腿勤。但如果缺乏積極負責的主人翁精神，要做到三勤就不是一件容易的事了。在長期受計劃經濟影響的國營企業中，我們不時可以看到上班吃零食，看報紙，閒聊天，甚至睡大覺的現象，「三勤」早就被他們丟到「爪哇國」去了。上述種種看起來都是那麼容易做到的事，為什麼做不到呢？從個人職業道德修養的角度看，還是由於未能認識到「圖難於其易」的重要性。

「天下事有難易乎？為之，則難者亦易矣；不為，則易者亦難矣！」在浩瀚的營銷學的大海中，只有老老實實地做好每一件小事，並不斷地從小事中總結經驗，你才能乘長風破萬裏浪，高掛雲帆，橫渡滄海，到達成功的彼岸。

變法以圖強

「吐故納新」的原則是莊子最先提出的。他在〈刻意篇〉中說道：「吹呴呼吸，吐故納新，熊經鳥申，為壽而已矣。此道（導）引之士，養形之人，彭祖壽考者之所喜好也。」意思是說，吐出胸中的污濁之氣，吸入外面的新鮮空氣，如同「熊經鳥申」那種活動方式一樣，是為了延年益壽。這是習練導引養生，希望求得像彭祖那樣長壽的人所喜好的。

按照中國中醫的理論，沉積在人體內部的病氣、邪氣、陳氣、濁氣，可以統稱之為「故」。通過人的意念和呼吸，將其排出體外，同時吸入新氣、正氣、健康之氣，這樣可以扶正去邪，免生疾病，從而達到延年益壽的目的。現代醫學也證明，「吐故納新」說是正確的，有科學根據的。所以，中國史書所載導引之士在經過鍛鍊以後，可以「行步起居自若」，「身輕色好」絕非虛妄之談。這正如名醫華佗所認為的那樣，通過吐故納新的鍛鍊，能夠達到「以求難老」之效。

放眼大千世界，「吐故納新」是一個普遍存在的法則。凡是有生命的東西，無不時刻在吐故納新。萬物之靈的人類固不必說，其他動植諸物，亦莫不如是。動物中大自熊羆虎豹，小至螻蟻昆蟲，鷹擊長空，鯨吸碧海，它們吸氧吐碳，飲食排泄，無時不在吐故納新；植物中大自參天松柏，小至路邊野花，綠柳紅桃，春蘭秋菊，它們的根部吸收水分和養分，它們的枝葉吸氧吐碳，進行光合作用，同樣也在吐故納新。一個民族，一個國家，一個企業，一種商品，民族的種族繁衍，國家的變法圖強，企業的改善經營，商品的更新換代等等，也無一不在吐故納新。生存競爭，優勝劣汰。要生存而不被淘汰，要長生而不至短壽，就要吐故，就要納新。生命在於運動，停滯就會僵化，僵化就要滅亡，這是萬古不易的真理。一個企業，大體可分為經營、管理、生產、銷售這四個方面。要能夠在激烈的競爭中求得生存，謀取發展，就必須有完善的經營，科學的管理，先進的生產技術，合乎潮流的產品，以及生機勃勃的銷售市場。要做到上述這些，首先要求企業經營者要有聰慧的頭腦，敏銳的眼光，果敢的手腕，眼觀六路，耳聽八方，善於吸取別人的先進經驗，揚棄自身的落後與不足，因小識大，見微知著，不失時機地吐故納新。對於現代營銷人來說，企業中一條極為重要的經驗就是：要有強烈的吐故納新意識。現代營銷人要能夠根據不斷變化的市場形勢，及時總結經驗和教訓，調整自己的營銷方式，培養自己獨立作戰的能力。市場競爭，瞬息萬變，一切依賴企業主管人員的指示與命令，勢必坐失良機，在競爭中遭致失敗。不善於吐故納新，不知隨時調整自己的營銷方式和手段，故步自封，刻舟求劍，那就無法在激烈競爭中求得生存和發展。

近年來，德國在外貿出口方面一直處於世界領先地位。德國的大多數企業家一致認為，企業應當十分重視培養營銷人的競爭意識和市場應變能力。所謂的「應變能力」也就是吐故納新。據調查，德國培訓營銷人員的教材中，「商業競爭」、「市場意識」、「營銷技巧」等內容占有最大的比重。西門子公司堅持對營銷人員進行競爭意識的培養和教育，多年來堅持不懈。公司認為，一個營銷人，如果僅僅倚靠公司的指令辦事，缺乏獨立自主地開拓市場的能力，他們的活動將是盲目的，機械的，不會有創新的成果，更不用説引領市場了。這裏的「創新」，就包含有吐故納新的意思。它要求營銷人不能死板從事，而應當將有生命力的營銷方式和手段引入自己的業務領域。

在中國，由於長期的計劃經濟體制，產、供、銷全都由國家包攬，既不需要營銷人員爭取訂單，也不需要營銷人員主動出擊，開拓市場，爭取客户。久而久之，養成了營銷人員的惰性和依賴性。改革開放以來，一改過去的那種由國家大包大攬的做法，企業的市場經濟主體的地位逐漸明晰，自負盈虧的獨立經濟核算體制逐漸確立，這就是人們常説的「斷奶」。「奶」斷了，這就迫使營銷人必須徹底改變過去的那種「官商」作風，主動地面向市場，變國家「餵養」為自己尋找，變依賴為主動，變懶惰為勤勞，變安於現狀為積極進取。在這個過程中，「吐故納新」是貫穿始終的一條法則。脱胎換骨的「吐故」、「納新」是痛苦的，但不如此就意味著死亡。隨著社會的不斷進步，交通通訊的不斷發展，經濟的全球一體化格局已經形成，遠隔重洋，近在咫尺。過去那種「雞犬之聲相聞，老死不相往來」的閉關自守局面已被徹底打破，也就是「朝南坐」的「官商」的客觀條件已不復存在。中國加入WTO以後，國外的企業、產品、服務等紛至沓來，在「准入」的原則下，中外企業共在同一個舞台上嶄露頭角，競爭的局面將更加激烈而殘酷。中國加入

ＷＴＯ以後，對國人衝擊最大的莫過於嚴格的「遊戲規則」對舊體制的制衡與約束了。ＷＴＯ是國際通行的市場規則。中國加入ＷＴＯ，市場運行就必須與國際通行的市場規則對接。ＷＴＯ的一條重要原則是經濟交往過程中的「平等」。即任何經濟實體間的交往，無論其地域、國別、實力大小、所有制性質，均享有不受歧視的國民待遇。對於受交往的該國政府而言，其向公眾發布的訊息應當遵循「透明」的原則，以使交往的經濟實體具有平等地獲取訊息的權利。此外，政府管理經濟的體制、方式、手段、程度等等，也都應當遵循透明的原則向社會公開。ＷＴＯ要求相關主體的行為法制化，ＷＴＯ中包含的、業經中國政府認同的各項國際市場運行法則、專門規章與協定及其法律精神，必須在特別監督機構的監督下逐步地全面執行。由於中國以往的經濟體制改革是在相對封閉的條件下進行的，傳統體制的弊端依然不同程度地存在。特別是傳統計劃經濟體制下孳生的諸多觀念根深蒂固，它們不會輕易退出歷史舞台，依然會頑固地表現出來，這就尤其需要我們的企業家和營銷人員能夠自覺地吐故納新，摒棄舊思想、舊觀念，以適應中國加入ＷＴＯ以後的新形勢。

古人云：「世人皆知敵之仇，而不知為益之尤。皆知敵之害，而不知為利之大。」並舉例引申說：「秦有六國，兢兢以強；六國既除，訑訑以亡。晉敗楚鄢，范文為患；厲之不圖，舉國造怨。孟孫惡臧，孟死臧恤；藥石去矣，吾亡無日。智能知之，猶率以危；矧今之人，曾不是思！」譯成白話就是：秦國因有六國的存在而兢兢業業，如履薄冰，不敢有絲毫的懈怠，從而使它變得強大；六國被消滅了，它就怡然自得起來，不久秦晉國就滅亡了。晉國在鄢陵地方大敗楚國的軍隊，果然，范文子認為這會給晉國帶來後患。果然，晉厲公不求上進，昏庸腐敗，結果弄得民怨沸騰；孟孫討厭臧孫，孟孫死了，臧孫卻憂心忡忡，認為孟孫好像藥石一樣，能給自己治療疾病。如今孟孫不在了，我自己離死也就不遠了。聰明的人大多明白這個道理，對立面的消失給自己帶來的往往是危殆。而現在的人卻怎麼連這一點也不曾想過！古人的這一段話含有極其深刻的哲理，值得每一位營銷人員認真領會。正因為有了對立面，敵手的存在逼迫著你朝乾夕惕，奮發圖強。老子說：「禍兮福所倚，福兮禍所伏。」同樣說的是這個道理。只有吐故納新才能長存，只有奮發圖強才能不亡。《莊子・逍遙遊》：「水之積也不厚，則其負大舟也無力；風之積也不厚，則其負大翼也無力。」《呂氏春秋》說得好：「流水不腐，戶樞不蠹，動也。」動則不衰，動則生命之樹常青。「吐故納新」是運動，「變法圖強」也是運動。人靠「吐故納新」健康長壽，企業靠「變法圖強」而青春常駐。

三 營銷方略篇

待價而沽

子貢是孔子弟子中最著名的商人。《論語・子貢》中有他的一段話：「子貢曰：『有美玉於斯，韞櫝而藏諸？求善價而沽諸子？』」意思是說，這裏有一塊美玉，是把它藏在櫃子裏好呢？還是求得好價錢把它賣掉好呢？這就是「待價而沽」一語的來源。中國古代的士大夫，常常以「待價而沽」來比喻等待賞識並聘用自己的人。

在〈素養篇〉中我們曾經指出，從實現人的自我價值和社會價值的角度看，子貢「待價而沽」的基本精神——不是主動出擊，而是被動地等待被別人高價聘用的思想，是不符合現代社會的要求的。但「待價而沽」還有另一方面的積極性內涵，它對於現代營銷中的「定價策略」，仍然不乏借鑑的意義。

「沽」者何？沽者，賣也；「待價」者何？盼望好價錢也。「待價而沽」反映了賣方出售商品時希望賣得一個好價錢的願望。可是，買賣是買與賣雙方共同的事，缺少任何一方，買賣都做不成。就商品的價格而言，如價格偏低，賣方不滿意；價格偏高，買方又不滿意。只有買賣雙方對商品的某一價格達成了共識，大家都能夠接受了，商品才能出售，買賣才能做成。那麼，什麼樣的價格才能被買賣雙方共同接受呢？毫無疑問，任何一位商品出售者，出於利潤最大化的考慮，他們都希望自己的貨物能夠以高價出售。但這個

「高價」未必是「善價」。因為它還必須為買方所接受。所以，商品的價格高還是低，買賣雙方都要「待價」。從這個意義上說，「待價而沽」又不僅僅是賣方單方面的事，它還要有買方的參與作為必要的補充。以此，我們可以將能夠被買賣雙方共同接受的價格稱之為「善價」。

現代商業心理學認為，購物者在作出購買決定時，對於價格的考慮，往往會產生如下幾種心態：

1.求廉：這是買方較為普遍的一種心理。這個「廉」，是指買方的一種主觀心理感受。即買方會去購買那些他「自認為」是「便宜」的東西。或者，換句話說，購物者總是希望他所要購買的東西儘可能的「便宜」。所以，同樣一種商品，價格越低，對於購物者一般也就越具有吸引力。

2.求名：商品消費不僅是一種「物質消費」，而且也是一種「精神消費」。從「物質消費」的角度看，根據一般的購物經驗，購物者會認為，質量上乘的商品，價格一定比質量一般的商品要高。反之亦然。此即所謂「好貨不便宜，便宜無好貨」。一般來說，名牌產品具有產品質量的保證和優良的售後服務。所以，它們的價格雖然高於一般產品，但消費者仍然樂於接受。此外，某些名牌產品因為「名」聞遐邇而「價高」。這是因為名牌的創立，往往要靠幾代人的嘔心瀝血打造而成。由於其硬體設備的投入、勞動力成本、廣告投入等均高於一般產品，因此它的成本較高，價格自然也要高於一般產品。從「精神消費」的角度看，某些消費者購買這些名牌產品，他們看重的並不是或主要不是它的「物質性」特徵，而是看重名牌的「精神性」特徵，重視名牌產品的「附加值」效應。為了自我肯定其經濟地位和社會地位，滿足心理上的「圈層」優越感和自豪感，他們往往不惜一擲千金，購買價格昂貴的名牌貨。

3.求新：有些購物者喜歡購買合乎潮流的時髦商品。他們在購物時首先考慮的往往不是商品的內容，而是商品的外表如色彩、造型、款式、包裝等。青年人、歌星、影星、帥男美女往往具有這種消費心理。這一部分消費者對於商品的價格一般不太在意。只要是新潮的、時髦的，即使商品價格高一些，他們也不在乎。

4.求實：經濟實惠、價廉物美、經久耐用等等，往往是那些家庭主婦購物時首要考慮的因素。她們在購物時一般比較挑剔，貨比三家。在商品的價格上，她們尤其敏感。斤斤計較，討價還價，毫釐不讓，往往是這一部分消費者的特點。

充分理解並把握各類消費者的購物心理，企業經營者和營銷人就可以根據不同的消費心理有針對性地、分門別類地、恰如其分地制訂出買賣雙方都能夠接受的商品價格。以下是幾種常見的定價策略：

1.**非整數標價策略**：這是一種為商品定一個帶有零頭數結尾的定價策略。它能給購物者帶來心理上的信任感和安全感，認為該商品價格是經過認真核算後定出的。此外，非整數標價策略還能使購物者產生一種「廉價」的心理效應。例如，標價二百九十五元的沙發與標價三百零五元的沙發，對於購物者來說其心理感受就不同：前者給人的感受是二百多元；後者則是三百多元。據美國一些商業心理學家調查，零售價為四十九美元的商品，要比售價為五十美元的同類商品好銷。

2.**整數標價策略**：某些貴重的商品如珠寶、黃金首飾，大件商品如鋼琴、音響設備、高級照相器材等等，在標價時一般可以採用整數標價策略。這是因為高檔商品價格昂貴，增加一點「零頭」只是「杯水車薪」，它並沒有為賣方增加多少利潤，反而有損於上述高檔商品的「檔次」，使得上述高檔商品失去了「威嚴感」而顯得「小家子氣」。購物者在購買這些商品時首先看重的是商品的質量。他們覺得數千上萬元的珠寶或一架高級鋼琴，這些商品自身已經具備了「固定不變」的價值存在。因而，他們絕不會因為這件珠寶或鋼琴標價低了十元錢而感到占了便宜，也不會因為標價高了十元錢而感到吃了虧。或是出於炫耀的心理，購物者寧願支付一百元，享受這個價格的「響噹噹」，也不願用九十九或九十八元這個「矮」了一截的價錢買一件貴重的禮品送給友人。

3.**名牌定價策略**：那些在人們心目中享有崇高聲譽的名牌商品，消費者對它們有一種信任感。對於這一類商品，定價可以高於其他同類產品。那些求名、求新、求時髦的消費者，往往就是這類名牌商品的光顧者。在他們看來，商品價格也就是他們經濟地位和社會地位的「象徵」。價格高於同類產品，滿足了他們「壓人一頭」的虛榮心。

4.**習慣定價策略**：這是指按照人們的一般消費習慣，對那些日常用品所採取的一種定價策略。某些日常用品如柴米油鹽、肥皂、面紙、牙膏等等，顧客在長期的消費活動中已經形成了對上述商品價格的某種「習以為常」的價格期許。消費者一般會認為，這類商品的價格「應當」是固定不變的。一旦這類商品的價格出現波動，哪怕只是將價格略作提高，也會在消費者中引起震動和反感。所以，對待那些與百姓生活密切相關的商品，應當保持價格的基本穩定，一般不宜輕易變動。

雷明頓公司是生產電動刮鬍刀的名牌企業。但在美國企業家金姆接手以前，這家公司卻是負債累累。當金姆以二千五百萬美元買下這家公司後，他對雷明頓刮鬍刀的價格策略進行了反思。這家公司的原主管在為雷明頓刮鬍刀定價時有一種觀點，他認為在競爭激烈的刮鬍刀市場中唯有提高價格才能保證銷售額。以此他將每一把刮鬍刀的價位定在三四·九五美元。金姆認為雷明頓原主管的這一價格策略是錯誤的。小小一把刮鬍刀是男人們必備的日用品。它不涉及經濟地位和社會地位的「象徵」等要素，因此不應該走高價位策略而應當選擇低價位策略。金姆果斷地停止了高價刮鬍刀的生產線，推出了一種配件較少，售價僅一九·九五美元的三頭刮鬍刀。降價近百分之八十，且新品刮鬍刀並不比高價刮鬍刀差到哪裏，可謂價廉物美。這種新產品一問世，立即受到了市場的好評。之後，金姆極力拓展行銷管道，並親自上電視作廣告，現身說法，使得雷明頓刮鬍刀聲名大噪，營業額直線上升，原先一蹶不振的經營狀況得到了徹底的改變。

價格是市場經濟中最活躍的因素。商品如何才能求得善價而出售，這是營銷人員需要花大力予以研究的一個問題。孔子曾經讚揚子貢，說「賜（子貢）不受命而貨殖焉，臆則屢中。」意思是說，子貢不受公家之命而做生意賺錢，他所猜度的物價總是很準。現代營銷人在為商品定價時，應當有子貢那種「臆則屢中」的本領，對於價格學的內在規律能夠爛熟於胸並靈活運用，這才能打開並擴大企業的產品銷路，使得企業獲得最佳經濟效益。

欲取先予

老子云：「將欲歙（收縮）之，必故張之；將使弱之，必故強之；將欲廢之，必故興之；將欲奪之，必故予之。」韓非深諳此中三昧，他在〈說林上〉中，借智伯向魏宣子索取土地一事，闡明了老子上述話語的深刻內涵：智伯平白無故要求魏宣子給他土地，魏宣子不答應。謀臣任章對魏宣子說：平白無故向別人索要土地，這必然會引起鄰國的不安甚至驚恐。「彼重欲無厭，天下必懼。君予之地，智伯必驕而輕敵，鄰邦必懼而相親。以相親之兵，待輕敵之國，則智伯之命不長矣。《周書》曰：『將欲敗之，必姑輔之；將欲取之，必姑予之。』君不如予之，驕智伯。」魏宣子覺得任章的話有道理，就給了智伯「萬户之邑」。智伯果然貪得無厭，他「索地於趙，弗予，因圍晉陽。韓、魏反之外，趙氏應之內，智氏自亡。」

任章勸魏宣子「欲弱姑強」，先滿足智伯的要求，是謂「強之」，其真實的目的是要讓智伯將他的貪得無厭、驕傲自大，忘乎所以充分暴露出來，從而引起各諸侯對智伯的恐懼，聯合起來對付智伯，此是謂「弱之」。任章用心深沉，在爾虞我詐的「政治遊戲」中，任章的這種高超伎倆，帶有陰險狡詐的性質。

然而，「欲取先予」卻給我們一個很重要的啟示。在現代市場經濟中，「欲取先予」實際上是無處不在，無往而不如是的。只不過任章對魏宣子所說的「欲弱姑強」是克敵制勝的策略與陰謀，而在現代營銷中的「欲取先予」需以誠信為出發點，此為「陽謀」而非陰謀，如斯而已。試先以商品生產和交換的一般準則為例說明之。企業投產，可謂「先予」，目的是為了謀取利潤，可謂「欲取」。企業要想廣銷產品，謀取更大的利潤，就必須使其產品有上乘的質量，這就需要多花成本。企業又需將產品的「包裝」和廣告投入視為一種「投資」。這裏，謀取更大的利潤是謂「欲取」，成本投入，廣告投資是謂「先予」。以上所說都是最通俗、最淺顯但也是最基本的道理。也正因為太平常太普通，人們對之習而不察，反而忘記了其中「欲取先予」的精髓。

據說，英美煙草公司最初在中國推銷他們的捲煙時，中國人還不知道捲煙為何物。他們不敢吸食，自然也就不會購買。英美煙草公司為了打開銷路，將香煙撒向人群，同時雇人吸食，作為示範。久而久之，吸食香煙的人多起來了，公司香煙的銷售量也從無到有，從小到大，最後竟占領了中國這個大市場，沒有哪一家煙草公司可以與它抗衡了。如果說賺錢是英美煙草公司的「欲取」，那麼向人群拋撒香煙就是它的「先予」。沒有這個「先予」，根本無法打開香煙的銷路，「欲取」也就無從說起了。

美國人里利發明了口香糖。口香糖剛問世時，知之者甚少，購買者寥寥。經過一段時間的試銷，里利發現購買者中兒童占絕大多數。里利決計以此作為打開銷路的突破口。他找來一本電話簿，按照電話簿上的地址，給紐約每個有孩子的家庭送上四塊口香糖。里利一共送出了一百五十萬戶共計六百萬塊口香糖。沒過幾天，里利的「先予」奏效了：孩子們吃完了里利送來的口香糖，都吵著要家長再去買。就這樣，里利通過紐約市的一百五十萬戶家庭的孩子這一消費群體，作了一次「活廣告」。口香糖從此打開了銷路並迅速風靡全美國。不久，里利不僅將奉送的六百萬塊口香糖的錢收了回來，而且還賺了一大筆錢。

美國的一家保險公司，在招攬保險業務之前會先給顧客寄上一份各種東西證明書和簡單的調查表，同時附上一張優惠券。調查表附有這樣的說明：「請您填好表後將優惠券同時寄回。本公司將贈送給您兩枚中國或其他國家的仿古硬幣。這絕非要強迫您參加本公司的保險，而是對您支持本公司的工作表示感謝。」公司寄出了三萬多封這樣的信，不久就收到了兩萬多封回信。根據回信的地址，公司營銷人員帶著古色古香的仿古硬幣逐戶拜訪贈送，讓顧客在各式各樣的仿古硬幣中任意挑選兩枚。在挑選硬幣的過程中，營銷人員與顧客融洽地交談，營銷人員不失時機地向顧客介紹公司的保險產品，結果招攬到六千多份保單。僅利潤就高出所贈仿古硬幣開支的幾百倍。

愛克發底片生產廠商通過經銷商打出了這樣一則廣告：「凡購買愛克發彩色底片一卷，可免費整卷沖洗放大。」這個消息一傳出，愛克發各專賣店的門前排起了長隊。愛克發為什麼要這樣做？這也是它的迫於無奈之舉。自從柯達、富士等名牌底片打入中國市場後，憑藉其財大氣粗、廣告促銷費用一擲千金、質量穩定等優勢，搶占了底片市場的大部分份額，愛克發的市場份額則日漸萎縮。為了打開銷路，重新占領市場，愛克發咬牙出此舉。但此舉一出，效果出奇地好。據專賣店反映，自從免費沖洗放大的廣告打出以後，銷售量直線上升，有的專賣店的銷售量竟提高了幾十倍。許多消費者過去從來沒有使用過愛克發底片。現在使用以後，他們覺得底片的質量並不比柯達、富士差，而價格卻要比柯達、富士便宜四到十元。愛克發的品牌知名度大大提高。當然，愛克發不會永遠投放「免費的午餐」。他們的免費沖洗加權且可以視為一次產品促銷的「廣告費」投入。

「欲取先予」的原則在國際商業的交往中也不失為一條有益的經驗。如所周知，八〇年代以來，日本在美國的直接投資迅速增長。其中僅購置不動產、廠房設備等所用款項就高達二百六十億美元。據外電報導，一九八九年日本購併美國公司的金額達一百三十七億美元。隨著華盛頓、紐約等大城市中一幢幢摩天大樓的星條旗被太陽旗所取代，「恐日症」開始在美國迅速蔓延。為了改善日本在美國國民心目中的形象，緩和美國的排日情緒和日趨激烈的貿易摩擦，近年來，日本各大公司紛紛慷慨解囊，對美國進行各種形式的捐贈活動。據統計，僅一九八九年一年，日立、三菱、松下等日本著名的大公司向美國的學校、文化團體和慈善機構的捐款就高達兩億美元，比一九八八年增加了百分之三十五。二十一歲的美國姑娘卡爾·托馬斯是美國一所大學四年級的學生。正當她在為最後一年的學費無法籌措而發愁時，卡爾收到了豐田汽車公司請美國黑人聯合基金會轉贈的七千五百美元的助學金。這筆錢足夠卡爾支付一年的學費了。事後，卡爾對她的朋友說：「原先我對日本人也沒有好感。但在我最困難的時候，不是別人，而是日本人，是日本豐田公司向我伸出了援助之手。這使得我改變了對日本人的看法。我要感謝日本，感謝豐田公司。大學畢業後，我一定會爭取去豐田公司工作。」卡爾只是千千萬萬受惠於日本捐贈者中的一位。

日本人向以「摳門」即「小器」著稱。為了降低成本，他們精打細算，斤斤計較，很少從事捐贈活動。但日本一反常態地對美國人大開贈戒，說到底，還是為了「獲利」而「先予」。正如日本財團的一位高官所說：「捐贈就是收買人心。」

二〇〇二年，北京的一件新鮮事引起了媒體的廣泛關注。一位近年來曝光率頗高的房地產開發商出資上百萬，在他最新的一個房產項目中，引入了十三件現代化風格的公共藝術品，錯落有致地分布在樓群的不同位置上。於是有人對此大加讚賞，認為這位房產開發商的思想境界不同凡俗，在賺錢之餘還能兼顧公益事業和不忘提攜藝術發展。實際上，這位房產開發商的真正目的還是為了賺錢。這個房地產項目高得令人咋舌的房價就是明證。投資建造公共藝術品，只不過是針對特定目標消費群體的一種商業行為。原來，這家房產商在開發這一房產項目時就將目標消費者定位在有一定文化修養的白領階層。這批人他們在乎品位，喜歡與眾不同的消費。在房產周邊佈置具有現代化風格的藝術品，滿足了這一部分人的心理需求，製造了一種購買了房子就購買了高雅、購買了藝術的虛幻想像。而且投資建造藝術品，還能引起媒體的關注，產生相當的廣告效應，可謂一箭雙鵰。與投入藝術品的資金相比，獲得的利潤要高得多。這也是一個「欲取先予」的絕好例證。

《韓非子．外儲說左上篇》：「賣庸而播耕者，主人費家而美食，調布而求易錢者，非愛庸客也。曰如是，耕者且深，耨者熟耘也。庸客致力而疾耘耕者，盡巧而正畦陌畦畤者，非愛主人也。曰如是，羹且美，錢布且易雲也。」意思是說，庸客為主人耕田，主人提供美食、衣物、錢財，他這樣做並非是愛庸客，而是為了讓庸客將土地耕耘得更好些；庸客賣力地耕田，也不是愛主人，而是為了求得美食、衣物、錢財。這裏，主人和庸客的做法都是「欲取先予」而並非由於互愛。但在營銷工作中的「欲取先予」卻不同於主人和庸客的關係。而應當以誠信為本。否則的話，很容易走上欺騙顧客之路。那樣做就是掩耳盜鈴，自掘墳墓了，到頭來吃虧的仍然是自己而非顧客。墨子說：「不於民有利者，聖主勿為。」現代營銷人在「欲取先予」的過程中應當牢記墨子的教誨，才不至於誤入歧途。

避短揚長

一位拳擊手，他的鉤拳打得漂亮，直拳卻打得不好，在拳擊場上，這位拳擊手總愛用鉤拳而不是直拳出擊；一位乒乓球運動員，他善於拉弧圈球，卻不善於切球，在賽球時他肯定多拉弧圈球而少打切球；一位歌唱家，他的高音區華麗嘹亮，但中聲區卻平平，在選擇演唱曲目時，他總愛挑選那些最能體現他高音區優勢的歌曲，而不會選擇那些旋律多在中聲區行進的曲目。這就叫做「避短揚長」。避開自己的所短，發揮自己的優勢，是謂「避短揚長」。一個企業，一種產品，總是長短兼有，瑕瑜互現的。如何發揮自己的所長或優勢，避開所短或劣勢？這是現代營銷人應當十分關心的大問題。

公元前六三二年晉國和楚國之間發生了著名的城濮之戰。當時，楚國的軍隊中軍實力較強，而左、右兩軍實力較弱。晉軍避其精銳，先敗其右軍，再擊其左軍，待楚國的中軍前來救掩時，晉軍以伏兵掩殺之。楚軍在城濮之戰中遭到慘敗，楚國從此一蹶不振。試想晉軍若將進攻的主力也放在中軍，與楚軍打「消耗戰」，結果會是怎樣呢？這種戰法，犯了兵家的大忌，結果是可想而知的。《孫子兵法》云：「兵形象水。水之形，避高而趨下，兵之形，避實而擊虛。」打仗是如此，營銷也同樣是如此。

「避短揚長」，首先要能夠清醒地認識自己的「長」、「短」所在，這就是商鞅所說的「能勝強敵者，先自勝也。」上海有一家私營機械廠，就是靠著清醒的自我認識和避短揚長的營銷策略，不僅在強手如林的國內機械製造業中站穩了腳跟，而且還打開了國際市場的大門。

這家機械廠一開始只有幾十名工人。規模小，資金少，生產能力有限。這是該機械廠的所短或劣勢。但工廠不惜以重金聘用了一批技術人員，因而技術力量較強。同時，廠子小，周轉靈活，這又是該廠的長處或優勢。通過周密的市場調查，該廠確定了避短揚長、甘當配角的企業定位。他們專門挑選那些大企業不願意承接，而集體企業或技術力量不夠的企業無法承擔的項目作為自己的主攻方向。一次，上海一家大公司承接了一項為坦桑尼亞試製一批紡織機械的大項目。其中一個關鍵部件的配套加工遇到了困難。由於這個部件結構複雜，生產批量小，一些大企業都不願意承接。這家廠的營銷人員了解到這一訊息，便主動與那家大公司取得了聯繫，承接下了為他們加工配套部件的任務，並保質、保量、按時完成了任務。類似於這樣的業務，這家私營小型機械廠承接了多次，每一次任務完成得都很出色。時間一長，這家私營小廠的名氣漸漸響了起來，一些外商有類似的業務也願意找它幫忙。幾年來，這家廠形成了自己「拾遺補闕」的經營特色，專門承攬那些「煩、難、碎、小」的生產和加工業務。因為這家廠的服務態度好，加工質量優良，一些大企業有了這方面的業務，總不忘拉這家小廠一把。這家私營小廠的業務面不斷拓寬，營業額也逐年上升。

電視機、收錄音機上的拉桿天線在計劃經濟時代原是上海一家無線電廠的「看家產品」，市場壟斷率極高。改革開放以來，國內製造同類產品的廠商由十幾家猛增到幾百家，市場競爭近趨「白熱化」之狀。加以原材料漲價、資金短缺等外部條件，該廠的經營狀況每況愈下。該廠廠長及時召集了產品營銷人員研究對策。通過產品營銷方針的重大討論，大家認識到，工廠面臨的困境是計劃經濟向市場經濟「轉軌」時必然遭遇到的環境。只要改變經營觀念，避短揚長，就可以找到解脱困境的出路。通過討論，該廠決定對原有的經營方針作重大的調整。一是退出呈「蝗蟲搶食」狀的部分低檔天線市場，利用企業擁有的品牌效應和技術力量，調整產品結構，開闢新的經濟增長點。二是在保證原有為名牌電視機、收錄音機配套拉桿天線的市場份額的基礎上，將觸角伸向新領域，即以桑塔納轎車的國產化和國內品牌電冰箱的大發展為契機，為其配套生產自動天線、不鏽鋼管及繼電器等產品。經過近一年半的實踐，證明了企業採取的新的營銷策略是正確的。避開了低技術水平的市場競爭，收縮戰線，集中兵力，發揮了技術優勢的長處。該廠通過開發技術含量高的新產品，提高了產品附加價值。他們用一噸金屬材料生產的產品，其產值提高了兩倍。產品用料的大幅度降低，不僅降低了成本，同時也緩和了原材料短缺的矛盾。通過避短揚長，該廠迅速扭轉了生產低迷之狀，經營狀況大為好轉。此後，該廠立即調兵遣將，聚合技術精英，進一步揚己所長，研製成功新型拉桿天線達二十五種。八〇年代末，日本、韓國貨幣升值。該廠抓住這一有利時機將新產品打入國際市場。到一九八九年，該廠的產品出口總量比上一年增長了四倍。

慎子說：「海與山爭水，海必得之。」只有懂得避短揚長，避實擊虛的道理，才能制服敵手，贏得戰爭，同樣，只有巧妙地避己之短，揚自身之所長，才能在現代營銷戰爭中獲得成功與勝利。

上行下效

「鄒纓齊紫」是《韓非子・外儲說左上》中的一個故事：齊王喜歡穿紫色的衣服，齊國的百姓於是紛紛效仿齊王。一時間紫帛價格騰貴，五匹素帛還換不到一匹紫帛。齊王為此感到憂慮不安，於是向謀臣傅說請教對策。傅說引用了《詩經》中的兩句話說：「君主不能以身作則，老百姓是不會信從的。大王若要想使百姓不穿紫色衣服，應當自己作出表率，不穿紫衣上朝。如果遇到穿紫衣上朝的大臣，大王可以說：『請離我遠一點！我討厭紫色。』」齊王按照傅說的話做了。結果，一天之內朝官中就不見了穿紫衣的人；一月之內，都城中就不見了穿紫衣的人；一年之內，齊國的紫帛就絕跡了。

鄒國的國君喜歡在頷下繫一條帶子，引得左右臣宰也都在頷下繫一條帶子。這一來，頷帶的價格猛漲。鄒君感到不安，與群臣商討。群臣異口同聲地說：「君好服，百姓亦多服，是以貴。」鄒君聽了群臣的話，再也不繫頷帶了。鄒國的百姓也學鄒君，不再繫頷帶。

韓非子說的這個故事，原意是要國君們以身作則，教化天下。但是，「君好服，百姓亦多服」，這個故事所揭示出來的上行下效的道理，卻值得現代營銷人引以為借鑑：

身居要職者或社會名人往往就是公眾注意的對象和效仿的榜樣。他們的一舉一動，他們的嗜好，他們使用的某一種商品，在公眾中具有巨大的影響力。因此，利用名人效應推銷產品就成為企業千載難逢的機遇。現代營銷人應當盡可能地「創造」並利用這種機遇，絕不可坐失良機。

西方國家的成年人因皮脂分泌過多或內分泌失調，往往容易形成脫髮或「謝頂」。八〇年代初，中國化工進出口公司上海分公司研製成功了一種專門治療脫髮禿頂的「上藥牌920營養護髮水」。開始試銷時，西歐市場雖然評價不錯，但銷售量總是很有限。沒想到，西德總理施密特也愛用這種護髮水。一次，施密特出訪美國，隨身帶了兩瓶「上藥牌920營養護髮水」。這件事被記者發現，他們立即將施密特的這一「私人秘密」公諸於眾。一夜之間，「上藥牌920營養護髮水」名聲大振，成為歐美家喻戶曉的產品，求貨的訂單像雪片一樣飛向上海。920營養護髮水沾了施密特總理的光，一舉成名，成了歐美市場上的搶手貨。

在寒冷的冬季，日本人都愛使用一種小型暖暖包。這種暖暖包形狀如袋，體積小，攜帶方便，一天二十四小時都可以發熱取暖。但這種加熱器的知名度僅限於國內，無緣打入國際市場。一九八九年一月，日本裕仁天皇逝世，葬禮訂於當年的二月二十四日舉行。前來參加裕仁天皇葬禮的有世界一百六十三個國家的元首及其隨行人員。這件事為小型暖暖包的製造商創造了一個產品打入國際市場的千載良機。二月正是日本的嚴冬季節，各國代表們將要在凜冽的寒風中站立數小時。小型暖暖包的營銷人員瞄準了這一時機，請求日本政府出面，在舉行天皇的葬禮時為每一位前來吊唁的貴賓贈送四個小型暖暖包，兩個用來放在衣袋中，兩個置於鞋內。各代表團的成員在使用了這種加熱器後都感到它既方便，又實用，交相稱譽，讚不絕口。法新社的記者不失時機地發了一篇報導。一時間這種小型加熱器名聞遐邇，銷量劇增，迅速打入了國際市場。

美國的酒類市場名牌眾多，別國的酒很難打入。法國白蘭地亟欲擠入美國市場。怎樣才能如願以償呢？時機終於來了。美國總統艾森豪威爾要過六十七歲壽辰。法國白蘭地酒商在壽辰前一個月就向媒體透露這樣一個訊息：為了表達對美國人民的友好感情，在美國總統六十七華誕之際，法國將委派專人用專機護送兩桶釀造適達六十七年的白蘭地名酒作為賀禮。盛放白蘭地的木桶，也出自名家之手。在總統壽辰的當日，還將舉行隆重的贈酒儀式。「白蘭地遠征」引起了美國人民的極大興趣。美國各大報刊爭相報導此事，「法國白蘭地」一時成為街談巷議的話題。當兩桶白蘭地運抵美國時，華盛頓出現了萬人空巷的局面。就這樣，法國白蘭地藉著美國總統的名聲，昂首闊步地進入了美國酒料市場。

「慨當以慷，憂思難忘。何以解憂？惟有杜康！」這是魏武帝曹操《短歌行》中的名句。「杜康」是中國的名酒，但早已失傳。一九七一年，河南伊川酒廠經過反覆研製，釀造出了一種新酒，經專家品評，認為該酒口感醇正，芳香沁脾，是一種上品酒。於是就將酒取名為杜康。一九七六年，中國冶金部派代表團訪問日本，他們特意帶了一瓶杜康酒，委託一位日籍華裔將酒贈送給日本前首相田中角榮，感謝他在恢復中日邦交中立下的殊勛。代表團並贈詩一首：「田中原首相，和好利家邦。獻上杜康酒，周公古義長。」

那位轉送杜康酒的日籍華裔也附詩一首：「美酒古來惟杜康，河南一飲三年香。諾言生死無更改，七載做成獻壽長。」他用甲骨文將這首詩鐫刻在龜板上，連同杜康酒和冶金部代表團的贈詩一併獻給了田中角榮。這件事經日本媒體的渲染，立刻在日本引起了轟動，形成了一股「杜康酒熱」。「杜康酒遠征扶桑」和「白蘭地遠征美利堅」一樣，都是借助於身居要職的名人而打開產品的銷路的。

據《晏子春秋・內篇雜下第一》記載，齊靈公喜歡看女扮男裝，他讓宮女都改穿男子的服裝。流風所被，國中女子一個個都成了男裝打扮。據《墨子・兼愛》，楚靈王好細腰，宮女們為了討得楚靈王的喜好，個個縮食「減肥」，結果餓死了不少宮女。先秦典籍中的這些故事，都是諷刺君主的荒淫無度的。但如果從這些故事中得到啟迪，充分利用名人們的喜好打開產品的市場銷路，不正可以「古為今用」嗎？管子說得好：「上有所好，民必甚焉」。這個道理，很值得現代營銷人細細揣摩。

因勢利導

什麼叫「因勢利導」？「因勢利導」就是順著事物的發展趨勢，把它引導到有利的方向上去。這裏的「勢」，可以理解為「形勢」、「趨勢」、「態勢」等等。「勢」的最淺顯的例證是瀑布。瀑布的水自上而下，飛速流淌，這就是「勢」。引導瀑布的水勢用來發電，就是「因勢利導」。中國的葛洲壩水電站，就是利用長江三峽的湍急水勢，加以引導，用來發電的。孫子將急速奔流的水和長空的鷹擊來比喻「勢」。他在《孫子・勢篇》中說：「激水之疾，至於漂石者，勢也；鷙鳥之疾，至於毀折者，節也。」意思是說，湍急的流水，能夠漂轉大石，這是因為水有疾勢；鷙鳥迅飛猛擊，可以捕殺鳥獸，這是由於它能夠掌握節奏。慎子則說：「河之下龍門，其流，駛如竹箭，駟馬追，弗能及。」「鷹，善擊也，然日擊之，則疲而無全翼矣。」這和孫子的話意思是一樣的，都是在說的「勢」。我們常說做事情要「審時度勢」。這裏的「時」，可以理解為「時機」、「時代」、「潮流」等等。「審時度勢」就是要認真審查時機，仔細忖度形勢。「審時度勢」是「因勢利導」的前提條件。這正如孫子所說：「故善戰者求之於勢；勢力者，如轉木石。……故善戰人之勢，如轉圓石於千仞之山者。」所謂「任勢」也就是

「審時度勢」。只有在對時機和形勢有了準確的分析與判斷之後，才能利用之、引導之，才能「因勢利導」。

讓我們談一談呂不韋的故事。看看他是如何「審時度勢」和「因勢利導」的。

呂不韋原是一個商人。他倚靠做生意發了大財，成為腰纏萬貫、家累千金的大富豪。呂不韋聰明過人。他不僅有商人的敏銳眼光，而且有政治家的頭腦和勃勃野心。當時，商人的社會地位很低，被人瞧不起。呂不韋很清楚，自己一無顯赫的門第出身可資蔭庇；二没有過硬的「後台」可以倚靠，自己唯一有的只是錢。但他的錢是靠做生意賺來的，在世俗的眼中，低賤的商人所賺的錢「不乾淨」，這與政治上的飛黃騰達遠遠不可相比。「多財善賈，長袖善舞」。怎樣利用自己的「多財」優勢，做更大的「買賣」，在政治上也騰達起來，一展抱負，光宗耀祖？這是呂不韋經常思考的大事。

時機終於來了。秦昭王四十年，安國君被立為太子。安國君「有子二十餘人」，但他最寵愛的華陽夫人卻子息全無。安國君和夏姬所生的兒子子楚，既非嫡出，又非長子，再加上安國君對夏姬寡情少愛，因此他對子楚也感情淡泊。當時，因為政治上的需要，秦國需派人質前往趙國。這份苦差使就落到了子楚的頭上，他被安國君派到了趙國的國都邯鄲當人質。後來，秦、趙兩個關係惡化，「趙不甚禮子楚」，子楚的處境十分困窘，「車乘進用不饒，居處困，不得意」。這個情況被呂不韋探知。憑借商人兼政客的敏銳眼光，呂不韋看出了子楚「奇貨可居」的價值，此所謂「子楚者，此奇貨也」。他立即決定將功夫花在子楚的身上，做成一樁「大買賣」。且看呂不韋和父親的一番對話：呂不韋

「謂其父曰：『耕田之利幾倍？』曰：『十倍。』『珠玉之贏幾倍？』曰：『百倍。』『立主定國之贏幾倍？』曰：『無數。』」不韋說道：「今力田疾作，不得暖衣飽食；今定國立君，澤可遺後世，願往事之。」可以看出，呂不韋在動身前往尋找子楚之前，他已經「審時度勢」多時，並將如何「因勢利導」的方針步驟考慮得一清二楚，——呂不韋已是成竹在胸了。

不韋去見子楚，趨其館與之「深語」，對子楚說：「秦王老矣，安國君得為太子。竊聞安國君愛幸華陽夫人；華陽夫人無子，能立嫡嗣者獨華陽夫人耳。今子兄弟二十餘人，子又居中，不甚見幸，久質諸侯，即大王薨，安國君立為王，則子毋幾得與長子及諸子日暮在前者爭為太子矣！」這一番話說得中肯入微，觸及了子楚久鬱於胸中的隱痛，不由得子楚連連稱是道：「然！為之奈何？」不韋說：「子貧，客於此，非有以奉獻於親及結賓客也。不韋雖貧，請以千金為子西遊，事安國君及華陽夫人，立子為嫡嗣。」呂不韋的這一招果然靈驗，子楚頓首道：「必如君策，請得分秦國與君共之！」不韋、子楚各取所需，兩厢情願，一錘定音，買賣談成，接下去就看呂不韋的了。

不韋先留下了五百金給子楚，供他結交賓客之用。自己則用五百金購買了大批「奇物玩好」，回到秦國，獻給了華陽夫人。華陽夫人禁不住不韋的重金賄賂，同意納子楚為嫡。華陽夫人又說服了安國君，子楚終於成為嫡嗣。呂不韋初戰告捷。這時，一個更大膽的計劃又已了然於呂不韋的胸中。子楚好色，不韋有愛姬，時已有孕在身。不韋為了「釣奇」，他忍痛割愛，果斷地將懷有身孕的愛姬獻給了子楚，「子楚悅之」，這個腹中胎兒便是後來的秦始皇嬴政。秦昭王死後，安國君立。安國君「一年而薨」，子楚繼位，是為莊襄王。莊襄王沒有忘記他與呂不韋定下的承諾，不韋被任為丞相，封文信侯，食河南洛陽邑十萬戶。莊襄王死後，嬴政嗣位。這就是「振長策而禦宇內，吞二周而亡諸侯，履至尊而制六合，執敲撲以鞭笞天下」的「千古一帝」秦始皇。秦始皇「尊呂不韋為相國，號稱『仲父』。」不韋從一個低賤的商賈，一躍而封侯拜相，雞犬升天。他權傾朝野，獨步一時，掌管秦國朝政數十年，實現了最初的夢想。正如不韋初見子楚時所說：「不韋之門，待子之門而大之！」這就是呂不韋「審時度勢」、「因勢利導」的結果！

《韓非子．難勢》謂：「應慎子曰，飛龍乘雲，騰蛇遊霧。有雲霧之勢而能乘遊之者，龍蛇之材美之也。今雲盛而螾（蚓）弗能乘也，霧醲而螘（蟻）不能遊也。夫有盛雲醲霧之勢而不能乘遊者，螾螘之材薄也。」和呂不韋同時代的富商大賈又何止千百！而獨有呂不韋能夠出人頭地，一舉成名，這是因為不韋有「龍蛇之材」而他人所不具。他的龍蛇之材又主要表現為他具有「審時度勢」和「因勢利導」才能。當今的企業家和營銷人應當正確地從呂不韋的身上汲取有益的經驗，細心體悟呂不韋的良苦用心和高超技倆，使自己具備像呂不韋那樣乘雲遊霧而飛騰的本領，這才能在激烈的市場競爭中掌握大勢，游刃有餘。

上海近郊有一家中外合資的毛紡織品公司。這家公司的生產設備分別從美國、日本、義大利、波蘭引進，形成了八條生產線，在中國大陸屬於一流水平。在港澳一帶，「八」字的讀音為「發」，是當地的工商界人士喜歡的字眼。一九八八年八月八日，在這個百年一遇的好日子裏，這家公司擇吉開張，意在求得企業的興旺發達。不想就在公司開張的當年，遇到了國內毛紡織品市場疲軟的嚴峻局面。面對如此不利的形勢，公司領導和營銷人員實事求是地進行了分析。他們認識到，毛紡織品在國內市場的銷售雖然遇到了困難，但在國際市場上毛紡織品的需求正方興未艾，公司應當到國際市場上去一顯身手。從公司的自身實力看，公司具有三方面的優勢：一是擁有全國一流的生產設備，二是技術力量雄厚，三是凝聚力強，公司員工淳樸善良，吃苦耐勞。公司的不利因素是由於開張時間不長，缺乏企業的品牌效應和技術含量高的拳頭產品。針對實際情況，在經費極其緊張的情況下，公司仍然派副經理帶領三名營銷人員前往歐洲市場進行考察調研，摸清行情，接觸客户。與此同時，公司以出售生產流水線的義大利客商為橋樑，讓他們推薦了兩位義大利專家。其中的一位深諳市場，另一位精通生產業務。公司以真誠打動了兩位專家，用高薪聘請他們來公司參與產品策劃和生產經營管理。公司將重點放在狠抓產品種類和產品質量上，在不長的時間內就生產出了符合國際毛紡織品市場潮流的高質量的毛料。公司又利用先進的生產流水線和生產工藝，投產高支紗、羊絨衫等高檔產品。利用兩位義大利專家的關係，公司首先成功地將產品打入了義大利市場。當年就出口毛衫二十萬件。以此為契機，公司逐步向歐美市場滲透。到一九九一年，公司產品的外銷比重已達百分之七十，創匯四百五十萬美元。這家毛紡織品公司在艱難中闖出一條新路的做法是「審時度勢」和「因勢利導」的一個實例。

孟子說：「雖有智慧，不如乘勢；雖有鎡基（鋤頭），不如待時。」意思是說，只有「乘勢」，智慧才能有用武之地；如果不「待時」，時機不成熟，有了鎡基也是白搭。這都是要求人們「審時度勢」和「因勢利導」。《韓非子・難勢》：「勢必於自然，則無為言於勢矣。吾所為言勢者，言人之所設也。」這是說，「因勢利導」並不是消極地對待「自然」之「勢」，還要積極地「造勢」。只有努力造勢，才能使得弱勢變為強勢，小勢變為大勢。呂不韋和那家毛紡織品公司的成功，不僅在於他們憑藉了自己已有的優勢，更重要的是他們都善於「造勢」。

出奇制勝

中國有句形容熟練地操作某事的成語叫做「駕輕就熟」。但對於「駕輕就熟」我們還可以從另一種思維方法的角度去理解。例如，從甲地到乙地，某條路走慣了，人們就會習慣地老是走這條路。用碗筷吃飯，用盆盂盛湯，人們習以為常了，因此也就更加願意用碗筷吃飯，用盆盂盛湯，而不會輕易改變這種習慣。選擇輕鬆和熟練的去操作，這也可以叫做「駕輕」或者叫做「就熟」。「駕輕就熟」，這乃是人類普遍存在的一種行為方式和思維模式。

按照某種習慣性的方式去思考問題，這叫做思維定勢；按照某種習慣性的方式去處理解決問題，這叫做行為定勢。日常生活中存在著大量人們習以為常的、簡單而非複雜、重覆出現而又變化不大的事情。在一般情況下，處理這一類事情的行為定勢可以起到「駕輕就熟」的作用。例如，一個缸盛滿了水，要把水放出，人們通常總是用舀水的器皿將水舀出，即以慣用的思維定勢和行為定勢就可以解決問題。然而，思維定勢和行為定勢又往往成為人類進步的包袱，它往往會妨礙人們去尋找解決問題的新方法、新思路，將人類最可寶貴的創造性思維扼殺在搖籃中。實際上，人類社會的每一巨大進步，無不有創造性思維伴隨其左右，無不是在克服了思維定勢和行為定勢的前提下實現的。為人們所熟知的大史學家司馬光砸缸救友的故事就是如此：司馬光年幼時和一群小伙伴在一起玩耍。突然間一位小伙伴跌入了一個盛滿水的大缸，眼看小伙伴就要淹死，周圍既沒有能夠求救的大人，司馬光本人又無力搬倒大缸。這時司馬光急中生智，他揀起一塊大石塊，砸碎了水缸，小伙伴終於獲救了。如果按照常規，用器皿慢慢地舀水，小伙伴必死無疑。司馬光用逆向思維救了小伙伴一命。德國地質學家魏格納是「大陸漂浮說」的創立者。在魏格納之前，大陸固定，海洋永存的觀點占據主導地位。可是魏格納沒有被這一傳統觀念束縛，他從大西洋兩邊大陸海岸輪廓的切合性，設想地球原先應該是一個整體，後來因為漂移開來而形成現今的五大洲。魏格納作了大量的試驗並進行了實地考察，他用瀕大西洋兩岸的大陸地殼在地質、生物、氣候等方面的相符性，論證了他的假設，從而打破了傳統觀念，創造了被科學界譽為「天才的構想」的「大陸漂浮說」。地質科學的最新成就，如李四光創立的地質力學和現代板塊構造學說，都從不同角度支持並發展了魏格納的學說，「大陸漂浮說」的思想正在被越來越多的科學家所接受。

小到生活瑣事，大到科學發明，反常規的創造性思維往往能夠激發人們的想像力，幫助人們取得異乎尋常的成功。《孫子兵法》上說：「凡戰者，以正合，以奇勝。故善出奇者，無窮如天地，不竭如江河。終而復始，日月是也；死而復生，四時是也。聲不過五，五聲之變，不可勝聽也；色不過五，五色之變，不可勝觀也；味不過五，五味之變，不可勝嚐也；戰勢不過奇正，奇正之變，不可勝窮也。奇正相生，如循環之無端，孰能窮之？」這即是說，善於出奇致勝的將軍，其手段如同天地那樣變化無窮，像江河那樣奔騰不已。周而復始，好比日月運行；死而復生，像似四季更替。聲音雖不過五種，然而五聲之變卻可以產生無窮無盡的美妙音樂；顏色雖不過五種，但五色之變卻可以生產出無限華麗的色彩；味雖不過五種，但嚐不勝嚐的萬般滋味正產生於五味之變。戰爭的態勢，只不過奇、正兩種。然而奇和正的變化，卻是無窮無盡的。奇變為正，正變為奇，循環往復像一個個圓圈，無頭無尾，無始無終。孫子還說：「兵形象水，故兵無常勢，水無常形。能因敵變化而取勝者，謂之神。」作戰是如此，現代營銷又何嘗不是如此呢？作戰態勢的變化無窮決定了制訂作戰方針不能墨守陳規；現代營銷工作的紛紜複雜、瞬息萬變，同樣無「常勢」、「常形」，這就決定了現代營銷人在掌握正規戰法的同時要時時刻刻作好非正規戰法的準備，根據市場的變化，採取不同的營銷方式。因循守舊，那只能如膠柱鼓瑟，是思想僵化的表現，在激烈的市場競爭中必然要遭致淘汰。「無恃其不吾奪也，恃吾不可奪！」不是夢想著敵手不來奪我的生意，而是要讓敵手根本不敢來奪我的生意。孫子的話寓意深刻，值得再思三思！

下面介紹幾個出奇制勝的實例。

1. **大智若愚**：五〇年代，美國的一家公司研製出了一種新產品，但卻無法提高產品的知名度。適逢美國試驗人造衛星，在人造衛星即將大功告成之際，這家公司一本正經地寫信給五角大樓，要求他們的新產品能夠在這顆人造衛星上做一個廣告，並詢問若蒙許可，廣告費用需要多少？怎樣支付？等等。五角大樓得知此信，軍方人士不禁啞然失笑：人造衛星為軍用產品，五角大樓與商業民用之間從來沒有任何瓜葛，更不用說為民用產品作廣告了。再說人造衛星升空以後蹤影全無，要在衛星的星體上做廣告，這不是拿錢往水裏扔嗎?有記者風聞此事，便在報紙上發了一篇報導，這件事便和人造衛星一起，成為全美國乃至全球人所共知的一條花邊新聞。這家廠商最後當然未能獲准在衛星上做廣告，但卻「歪打正著」，他們沒花一分錢，各地的報紙卻為他們做了義務廣告，產品的知名度大大提高，銷量亦隨之猛增。

2. **巧賣「酸桃」**：無錫是中國著名的「無錫水蜜桃」的故鄉。適值水蜜桃上市季節，集市上到處都是一筐筐、一簍簍熟透了的蜜桃。「甜桃!」「甜桃!」的叫賣聲此起彼伏。一位老漢擔著兩筐桃也到集市上來賣。然而，老漢卻在一片「甜桃」的叫賣聲中大叫「酸桃!」「酸桃!」。人們聽這老漢的吆喝與眾不同，不覺聞聲圍攏到他的跟前。只見老漢筐裏的桃個個黃裏透紅，體大色鮮。老漢見人圍觀，便指著桃說：「酸不酸，嚐嚐便知道了。先嚐後買，不甜不要錢。」說完，老漢拿起一只桃遞給一位顧客。那位顧客嚐了一口，連聲讚道：「真甜!真甜!一點都不酸!」大家聽他這麼一說，人人爭相購買。不一會兒功夫，兩筐桃便賣完了。再看其他桃攤，雖然賣桃人一聲高於一聲地大喊「甜桃」，但生意平平，賣得比老漢差多了。

3. **亂中取勝**：某賣衣衫鞋襪的小攤販，每天都把貨物堆放得整整齊齊，可是生意卻總是很清淡。一天，攤販突發奇想，將原來堆放有序的衣物胡亂散開，高喊「賤賣!」「賤賣!」不少家庭主婦聞聲趕來，圍作一團，爭先恐後挑選衣物。實際上，這些衣物的價格和過去一樣，一點也沒有降低。這位攤販抓住了家庭主婦喜歡貪小便宜的心理，讓她們覺得胡亂堆放的東西一定是便宜貨。不一會兒功夫，攤販的衣物就全部賣完了。

4.「指南針」妙用：在阿拉伯國家，跪在地毯上面向聖城麥加祈禱，這是虔誠的伊斯蘭教徒每日必須做的功課。一九八四年，比利時的地毯商發明了一種類似於指南針的小機械，它的指針永遠指向聖城麥加。這位地毯商將它嵌入祈禱用的地毯中一併出售。只要教徒跪下祈禱，一眼就可以看清位置，找準方向。這種地毯一上市，立刻受到阿拉伯世界的歡迎，銷路十分暢達。

以上所舉四例「出奇制勝」的營銷方法純屬雕蟲小技，或許會使您不屑一顧。但筆者的本意絕非要您膠柱鼓瑟，依樣畫瓢，您若能從中悟出「出奇制勝」的真諦，「舉一隅而以三隅反」，這也就足夠了！

以退為進

現實生活中有許多類似的諺語，如「好漢不吃眼前虧」、「三十六計，走為上計」、「打不起，躲得起」、「忍一時，風平浪靜；退一步，海闊天空」等等，都是教導我們要懂得退卻、迴避、忍讓。當然，在大是大非面前，在原則性問題上不能退卻、迴避、忍讓，但合乎道理的退卻、迴避、忍讓卻是立身處世不可不懂，也不應該不懂的一個重要策略。生活中處處充滿矛盾，如果遇到了矛盾，一味地蠻幹硬拼，往往會導致失敗；而審時度勢，採取必要的退卻、迴避、忍讓的策略，卻往往可以峰迴路轉，使問題得到圓滿的解決。

中國古人很早就懂得了退卻、迴避、忍讓的道理。《易・繫辭下》中說：「日往則月來，月往則日來，日月相推而明生焉；寒往則暑來，暑往則寒來，寒暑相推而歲成焉。往者，屈也；來者，信（伸）也。屈、信相成，而利生焉。尺蠖之屈，以求信也；龍蛇之蟄，以存身也。」

尺蠖是一種飛蛾的幼蟲，爬行起來先屈後伸，這裏，〈繫辭下〉用日月相推則生明，寒暑交替而成歲來說明屈伸相輔相成而利生的道理。人們為了前進，為了事業上的成功，有時必須後退、迴避、忍讓，正如尺蠖之屈、龍蛇之蟄一樣。

《孫子兵法．軍爭》上說：「交合而舍，莫難於軍爭。軍爭之難者，以迂為直，以患為利。故迂其途，而誘之以利，後人發，先人至，此知迂直之計者也。」意思是說，兩軍對壘並峙，最難的莫過於和敵人爭奪有利的制勝條件了。軍事戰爭中更加難於掌握的，又在於如何通過迂迴曲折的途徑，達到「近直」的目的，變不利為有利。故意繞道迂迴，用小利引誘敵人，這樣就能夠做到後發制人，反而能夠先人而到達必爭的要地。這就是懂得以迂為直的道理了。據此，孫子認為，「先知迂直之計者勝。」

孫子所說的以迂為直而兵勝，和《易．繫辭下》所說的屈伸相成而利生，二者闡明的道理是一樣的。這就教育我們，應當辯證地看待「進」和「退」。在一定的條件下，後退正是前進的另一種方式。為了到達一定的目的，在特定的時間、地點、條件下，迂迴曲折反而比走直道更加快，後退反而比前進的效果更加好。

太史公在《史記．范睢列傳》中講過這樣一個故事：晉靈公要建造一座九層台閣。大概他不願意聽到反對的意見，於是事先發下話去說：「敢有諫阻者，斬！」晉大夫荀息聽說了這件事，上書求見晉靈公。晉靈公「張弩持矢見之。」——晉靈公猜想荀息一定是前來諫阻的，所以他劍拔弩張，嚴陣以待。不料荀息見到晉靈公，一開口便說：「臣下今日並非為了勸阻大王而來，臣要為大王表演一個雜技。臣能夠將十二顆棋子累疊起來，再將九個雞蛋置於棋子之上。」晉靈公見荀息說得那麼玄乎，不覺起了興，命令荀息趕緊演來。只見荀息「正顏色，定志意，以棋子置下」，然後又將雞蛋一個一個地往上累。

圍觀的大臣屏聲息氣，無不為荀息捏著一把汗。晉靈公也大眼瞪小眼，緊張得連氣也不敢喘。等到荀息累完了九個雞蛋，晉靈公才長出一口氣道：「太險了！太險了！」這時，荀息接口說道：「這哪能算險！還有比這更危險的呢！」晉靈公哪知是計，脫口便說：「先生能將更危險的節目表演給大家看一看嗎？」荀息說：「大王現在要造九層台閣，費時三年都不一定造得成。在這三年中，男不耕女不織，國用必然空虛。鄰國見晉國空虛，定然會合謀攻打晉國。大王連社稷都保不住了，卻要堅持營造台閣，大王這不是自己就在表演比累卵更加危險的節目嗎？」晉靈公聽荀息這麼一說，才幡然醒悟道：「寡人之過，乃至於此！」於是下令將還沒有造好的台閣拆除了。

荀息明明是為了諫阻晉靈公建造台閣而來，但因為晉靈公已經有言在先「敢有諫阻者斬！」在荀息面見晉靈公時，他又「張弩持矢見之」，在這樣的情形下，如果荀息直言不諱，效果將會怎樣呢？晉靈公恐怕不但不會接受諫阻，甚至會將荀息斬首問罪。所以，荀息將自己的真實意圖暫且隱蔽起來，一開口就說他不是為了勸阻，而是為了表演雜技而來。這就叫做「退」或叫做「迂」。當荀息累疊好了棋子和雞蛋，看清了晉靈公觀看時的緊張神態，聽清了他觀看以後「危哉！危哉！」的驚嚇聲，這才以累卵作比喻，點出晉靈公建造九層台閣，恰如累九卵於棋子之上，必將危及社稷，造成亡國的嚴重後果。荀息適時點明正題，這就叫做「進」或叫做「直」。荀息終於使得晉靈公放棄了繼續建造台閣的錯誤做法，他的這種以退為進，以迂為直，其效果是直言諫阻不可比的。

聯繫到現代營銷，在特定的條件下，以退為進，以迂為直的做法同樣是必要的，它有時能夠收到意想不到的效果。

做生意當然是要賺錢的。能夠將商品提高價格，賺的錢當然也就更多。但是，為了占領市場，能夠賺更多的錢，有時卻不得不降低價格以爭取市場。例如，二十世紀七〇年代，國際上的許多大公司都放棄了追隨國際市場領袖定價的做法，而採取了降價策略，利用低價位獲得更大的市場份額。進入九〇年代以來，美國的不少產業，包括鋼鐵、汽車製造、家用電器、精密儀器、手錶等，受到了國外同類產業的巨大衝擊。源源不斷地進入美國市場的這些產品，不但質量要優於美國同類產品，而且具有明顯的價格優勢。這就迫使美國同類企業不得不採取降價策略以應和市場，免遭失敗。這裏，降低產品價格是之謂「迂」或「退」，在市場競爭中扭轉不利局面，以穩定原有的市場份額，這可以稱之為「直」或「進」。

兩年前，中國南方某襯衫廠設計出了一種新款式女襯衫。根據試銷和市場飽和度的調查預測，這種新款式襯衫的市場容納量為十萬件。以往，這家廠在向市場推出一款新品襯衫時總是將高達市場容納量的百分之八十甚至百分之九十的產品一下子同時推出，但在最近的兩次銷售中成績並不理想。這一次，這家廠的營銷人員改變了以往的做法：他們只向市場推出了五萬件新款襯衫，預留了百分之五十的市場份額，致使市場保持一種「饑餓感」，故意造成供不應求的緊張狀況。在時隔兩個月以後，才又將剩餘的百分之五十份額的襯衫推出，結果，銷售業績不錯，提前完成了銷售指標。這也可以視為一種以退為進，以迂為直的銷售策略：不將市場所需要的襯衫全部推出，這可以視為「迂」或

「退」；在時機成熟時適時推出剩餘的產品，歸根結柢是要將產品全份額地推銷，這是「直」或「進」。《孫子兵法》云：「兵形象水，故兵無常勢，水無常形。能因敵變化而取勝者，謂之神。」以退為進，以迂為直，正是以變應變的具體表現。它能夠使兵家在戰爭中取勝，也能使營銷人在營銷戰爭中取勝，關鍵就在於要把握好「迂」和「退」的時間、地點和條件。

CI

「優孟衣冠」的現代詮釋

司馬遷在他的《史記・滑稽列傳》中講過一個「優孟衣冠」的故事。楚國名士優孟，常常用幽默的戲謔談笑諷諫楚王。優孟與楚國的宰相孫叔敖是好朋友。孫叔敖死後，他的兒子貧困交加，無法生活，來找優孟尋求幫助。優孟於是穿戴起孫叔敖生前穿戴過的衣冠去見楚王，「楚王及左右不能別也。莊王置酒，優孟前為壽。莊王大驚，以為孫叔敖復生也，欲以為相」。優孟推辭道：請讓我回去與內人商量一下，三天以後再作答覆。三天後，優孟依然穿著孫叔敖生前的衣冠，喬裝打扮地去見楚莊王。「與夫人商量的結果如何？」楚王問道。「內人以為，這個楚國宰相做不得。想我孫叔敖為楚相時，廉潔奉公，竭盡全力治理國家，楚國這才能稱雄天下。現在，我剛剛死去，兒子就窮得無立錐之地。這樣的楚相有什麼好做的呢？大王須得厚封孫叔敖之子如孫叔敖！不然的話，我就再去死！」「於是莊王謝優孟，乃名孫叔敖子。封之寢丘四百户，以奉其祀，後十世不絕。」

這個「優孟衣冠」的故事，楚王之所以聽從了優孟的規勸，是由於他將穿戴了孫叔敖衣冠的優孟，錯當成了孫叔敖本人，「以為孫叔敖復生也」。在楚王的心目中，孫叔敖的衣冠，已然成了孫叔敖的化身：楚王看到了孫叔敖的衣冠，就想起了孫叔敖這個人。孫叔敖的衣冠、他的名字，已經和他的言談舉止、性格特徵、為人處世等融合成了「一片」，共同構成了「孫叔敖」這一個整體。

「優孟衣冠」的故事，對於現代營銷中的CI（企業統一視覺識別）具有重要的啟示。

CI中的「C」是指Corporate（企業）；「I」是指Identity（識別），其中Identity一詞是關鍵。Identity一詞涵有「身份」、「本體」、「本身」、「同一」等義項。這一詞可以從兩種視角加以剖析：從企業本體的角度看，Identity是要回答「我是誰」的問題，即是說，企業要將自己「外化」，要以清醒的自我認識，極富個性的自我形象，將「自己」凸現出來，並以這一形象區別於它人（企業），植根於企業群，立足於社會。從另一個方面來看，即從「同一性」的立場來看，Identity又是指企業的共通性、統一性。企業只有在共通性、統一性的前提下，才能顯示出它的不同性和「個性」。只有在共同的企業理念指揮和統帥下形成統一的員工行為（它表現為企業的內部管理和運行）、統一的企業標誌和標準色，企業的個性才能最大程度地顯示出來。在這裏，一個企業就好像一個人。一個人的耳、鼻、口、眼，他的手、腳、四肢只能在「他」這個「人」的「統一意志」下行動；一個人的言談舉止、衣著打扮也只是他「這一個」人的人格的體現，因而是「他」所獨有的。對於企業來說，倘若其員工各行其是，它的各分支機構各自為政，它甚至不能有統一的企業著裝和區別於他人的獨具特色的「視覺系統」，這樣的企業，因為它的員工，它的分支機構，它的「組織」過於「個性化」（表現為一種散漫無序的狀態），這樣，企業本身的「個性」反倒因此而被吞噬、泯滅與消亡了。戰國時的大軍事家孫子在他的名著《孫子・九地》中說：「吳人與越人相惡也。當其同舟共濟，遇風，其相救也如左右手。」吳人和越人歷史上一向不和，但孫子認為，只要吳人、越人「同舟共濟」，就能夠克服任何困難，像「左右手」那樣運用自如。這個道理，也同樣符合企業經營之道，符合「Identity」之道，在企業「共通性」的基礎上形成企業的「個性」，並以適當的方式將這種個性表達出來，這就是CI的精髓。

CI源於美國。五〇年代，IBM公司的決策者率先創立了CIS系統。美國的CI重在以高感官性的、與周邊環境相互協調的企業標誌和企業形象表達出來。IBM公司創立CI系統，不僅拉開了CI運動的歷史帷幕，而且一舉奠定了其世界大型企業的霸主地位。七〇年代，日本伊藤公司等企業從美國引進CI。與美國的CI相比，日本型的CI更加注重企業理念的指導性意義。CI戰略的全面導入使伊藤公司年銷售額由四百八十億日元猛增到了七千億日元。美國和日本成功運用CI的例證，使得CI運動在全世界開始流行。繼日本之後，台灣引進了CI，台灣的經濟也因此而大受其益。改革開放以來，CI傳入中國，中國一些著名的企業如北大方正、999集團、海爾等，紛紛導入CI，中國CI戰略的發展勢頭方興未艾。根據以往CI的成功歷史經驗可以預言，中國企業界在全面導入CI後，企業的品質必將獲得極大的提升，這將大大加快我國實現現代化的步伐。

完整的CI系統是「企業理念」、「企業行為」、「企業視覺形象」三方面內容的統一。「企業理念」是指企業的價值觀，它貫穿於企業的全部事業領域，並指導企業建立起獨特的經營規則與經營方針；「企業行為」是企業在經營過程中一切經濟活動的總和。它涵蓋了企業所有有意識的行為，諸如生產、服務、銷售、公關活動、廣告宣傳等等。它是企業經營理論、經營規則與經營方針的「行為化」體現。「企業視覺形象」是企業的視覺表徵。徽標、標準色和標準字構成了企業視覺形象系統的三要素。這也就是CI的基本設計系統——VI。它以統一的著色和獨特的形狀外在地表現為企業的建築外觀、辦公室佈置、交通工具的外觀裝飾以及辦公用品的設計等等方面的內容。

以上三方面構成了完整的CI系統，它往往被人們擬人化地簡稱為MI（精神識別）、BI（行為識別）、VI（視覺識別）。這裏的MI好比一個人的人格、思想和氣質；BI好比一個人的舉止行為；VI好比一個人的姓名、臉面和服裝。對於企業來說，BI和VI是載體，MI是靈魂。BI和VI的存在與積累，將大有益於企業本身。它最終濃縮為員工完整的立體化的企業形象。正如在大千世界的芸芸眾生中，人們都可以通過姓名、臉面、服飾，通過人的行為舉止「識別」出立體的、全方位的「這一個」而不是「那一個」人一樣。CI就是對企業由表及裏，由「形」及「神」的識別。

從VI來說，在現代營銷中它至少有如下三方面的功能：

1.**形象營銷功能**：當VI成為企業的一種「營銷符號」時，它便產生了有別於商標的形象營銷功能。雖然商標也要運用形象、文字、圖案、色彩等「視覺要素」，但商標的最主要的目的和功能還在於在工商管理上與其他企業相區別。VI的作用則在於「企業形象」的塑造，它能夠使人產生「聯想」，一看到某一企業的「營銷符號」時立刻就會將它和公司母體聯繫起來。

2.**隱蔽營銷功能**：現在，人們已經越來越認識到了「品牌」的重要性。人們認為，只有優秀的企業才能生產出優質產品和有優質服務。VI因有MI（精神識別）和BI（行為識別）作基礎和後盾，因此，VI內蘊地具有著企業品牌的聲譽。

3.**靈活營銷功能**：廠名、商標等「符號」的運用範圍是有限的，根據VI精神所設計的「標準色」、「標準圖案」的運用卻是無限的。公司員工不能將廠名、商標掛在胸前，卻可以身著公司特定的服裝，服裝採用公司的「標準色」和「標準圖案」；公司的筆記本、信封、名片等也採用統一的標準色和標準圖案。這種靈活性有助於企業形象的傳播。

現試以美國「麥當勞」的VI為例說明之。「麥當勞」現已成為全球餐飲業中最大的快餐連鎖店。二十世紀五〇年中期，克勞克以二百七十萬美元買下了理查兄弟經營的七家麥當勞快餐連鎖店及其店名，開始了以漢堡包為主打產品的快餐經營。麥當勞以金黃色的雙拱形「M」為標誌，並創造了「麥當勞叔叔」這一兒童喜聞樂見的形象。麥當勞將兒童作為潛在目標市場的消費對象。因此，公司想方設法將各種娛樂訊息傳遞給兒童，在全球範圍內提供兒童所喜愛的抽獎活動，廣告的訴求對象也以青少年和兒童為主。更加重要的是，麥當勞在世界各地不遺餘力地塑造雙拱形的「M」字樣和「麥當勞叔叔」的形象。「麥當勞叔叔」的原型是麥當勞的早期經營者史比狄。一九六三年，一個身穿小丑服的卡通式人物——「麥當勞叔叔」第一次在華盛頓公開露面。以後史比狄經常出現在醫院、福利院、兒童樂園等和兒童相關的場所，致力於兒童事業的發展。麥當勞叔叔那滑稽可愛的形象和燦爛的笑容深入人心，久而久之，雙拱形的「M」字樣和「麥當勞叔叔」的形象就濃縮成了深受兒童喜愛的麥當勞公司的「營銷符號」。每當人們一看到這一符號，立刻就會聯想到麥當勞。這就是麥當勞成功運用CI中的VI（視覺識別）的結果。

「白馬非馬」新視點

二千年前，中國著名的哲學家和詭辯學家公孫龍曾經提出過一個「白馬非馬」的命題，他說：「求馬，黃、黑馬皆可致；求白馬，黃、黑馬不可致。……故黃、黑馬，一也，而可以應有馬，而不可以應有白馬。是白馬之非馬，審矣！」公孫龍的意思是說，要求得一匹「馬」，你既可以給黃馬，也可以給黑馬；但如果你點名指定要「白馬」，那就不能用黃馬、黑馬去應付了。因為有了黃馬、黑馬，你可以說你有了「馬」，但不能說你有了「白馬」，因此白馬不是馬。在這裏，公孫龍否認白色的馬不是馬，按照他的邏輯，豈不是黃馬亦非馬，黑馬也不是馬了嗎？我們說白馬終究是馬的一種，公孫龍否認這一點，使得他的「白馬非馬」論陷入了詭辯論。但是，公孫龍的命題中提出了一個「個別不同於一般」的思想，卻閃耀著真理的光芒。公孫龍認為，對於一般的馬來說，並不考慮它有什麼顏色的規定，即所謂「馬者，無去取於色」；但對於白馬，卻必須肯定它是白色的，即「白馬者，有去取於色」。這就是說，在「馬」的世界裏，沒有抽象的馬，只有具體的馬。「這一匹」與「那一匹」馬是不同的。要將「這一匹」馬與「那一匹」馬區別開來，就必須標「新」立「異」，絕不能籠統地以「馬」命名，而應當為馬

「著色」，名之謂「白馬」、「黃馬」或「黑馬」。只有這樣，才能使得「這一匹」馬與「那一匹」馬相區別。

用「CI」特有的視角來觀察，公孫龍的白馬非馬論對於我們如何理解現代營銷中的CI理論尤其是Identity，如何認識「差異化」在現代營銷中的重要性，如何呵護自己的「品牌」，其中蘊含的真理的胎苗極當重視：企業將自己「外化」的目的，是要凸顯自我，以「白馬」而不是「黃馬」或「黑馬」立足於「馬」的世界，植根於企業群，立足於社會。在這裏，無論是「白馬」、「黃馬」還是「黑馬」，它們都是企業的品牌。如果企業不注重自己的品牌，甚至自認為不管是「黃馬」、「黑馬」還是「白馬」，只要是「馬」就行，那就陷入了一個「品牌模糊」的重大誤區，它對於企業造成的後果是嚴重的。

「文革」以前，「前門牌」香煙是國產捲煙中的名牌煙。當時生產這種香煙的有上海、天津、青島三家捲煙廠。到了「文革」期間，「前門牌」香煙泛濫成災。生產前門煙的廠商由過去的三家擴大為鄭州、成都、許昌、資陽……等八、九家。「文革」以前的三家捲煙廠同時生產「前門牌」捲煙，這種格局已經犯了現代營銷中品牌戰略的大忌，即品牌雷同而造成了商品的「區隔」不清。而「文革」中前門煙的泛濫，更加劇了這種狀況。加之許多廠商生產的前門煙名不副實，質量低下，這就大大降低了前門煙在消費者心目中的地位。好端端的一個品牌，就這樣被徹底葬送了。現在，前門煙已經淪落到低檔煙的行列，再也得不到消費者的青睞了。上海「杏花樓」牌月餅也是一個名牌。但是，採用

「杏花樓」為月餅品牌的廠商卻不止上海一家而是有南京、青島等三四家。二〇〇一年中秋節，一些廠商用上一年庫存的餡料生產了大量的「杏花樓」月餅推向市場，這件事被電視台曝光以後，導致「守本分」，採用新鮮餡料的上海杏花樓月餅受到連累，銷量銳減。杏花樓月餅犯了和前門煙一樣的錯誤，一個好品牌也差一點被斷送。這個教訓是深刻的。

「白馬非馬」論給我們的另一重要啟示是「定位」的必要性。從二十世紀八〇年代開始，「定位」的戰略意義逐漸被一些營銷學方面的專家所認可。著名的營銷專家賴茲(Al Ries)、屈特(Jack Trout)認為，世界經營發展的模式，經歷了五〇年代的「產品時代」，六〇年代的「形象時代」，至七〇年代，世界經濟進入了「定位時代」。所謂「定位」，按照賴茲和屈特的說法，「它並不是要求你對產品做什麼，而是要你對未來的潛在顧客下功夫」。即是說，「定位」所要求的是贏得潛在顧客的青睞。當然，賴茲和屈特這裏的意思並不是說可以不顧產品的質量，只要「定位」就夠了。產品的質量是它的生命線，這一點是毋庸置疑的，同時也已經被所有的經濟學家所認同。但是，僅僅有狹義的產品「質量」是不夠的。還必須有產品的「營銷」，因此也就必須有產品的「定位」。所以賴茲、屈特只是在探討「定位」這一概念的內涵以及「定位」在營銷過程中的重要性。根據賴茲和屈特的論述，我們可以將「定位」的概念表述為「將企業及其產品紮根於潛在目標消費群體心目中的過程，是謂『定位』」。現代營銷專家考斯尼克認為，企業在進行定位選擇時必須回答以下問題：

1.何種定位最能體現企業的差異化優勢？
2.何種定位已經被你的主要競爭對手所占據？
3.何種定位對目標市場最有價值？
4.哪些定位業已擠滿了眾多的競爭者？
5.哪些定位目前的競爭尚不激烈？
6.哪些定位最適合於企業的產品和產品線？

比照「白馬非馬」論，企業在定位選擇時也就必須回答：

1.用哪一種「馬」定位最能體現企業的差異化優勢？
2.你的主要競爭對手是定位為「白馬」、「黑馬」還是「黃馬」？
3.「白馬」、「黃馬」、「黑馬」的定位對你的潛在目標消費群體的價值如何？
4.為了避開競爭者，你在定位選擇時是選擇白馬、黑馬還是黃馬？為什麼？
5.白馬、黑馬和黃馬這三種定位，哪一種最適合你的產品和產品線？為什麼？

現試以上海一家具有百年歷史的老字號飲料與「可口可樂」、「百事可樂」爭奪飲料消費市場的產品策劃過程為例，說明產品定位在現代營銷過程中的重要性。

改革開放以來，可口可樂和百事可樂以烽火燎原之勢席捲大江南北。一九八〇年可口可樂和百事可樂分別在廣州和深圳建立了分廠，至一九九五年，「二樂」在中國的分廠已達三十多家，年銷售量七十多萬噸。從一九八九～一九九四年，可口可樂和百事可樂的銷售量以超過百分之十五的年增長率遞增。至九十年代中葉，這兩個品牌的飲料已經坐穩了國內飲料消費市場的第一、第二把交椅。國內一些飲料生產廠商也大多被「二樂」收買而成為它們的分廠。面對殘酷的競爭，上海原有的一家具有百年歷史的國產飲料品牌一度陷入了困境，其市場占有份額日漸萎縮。一九九五年，該國產飲料品牌請上海一家廣告諮詢公司對其市場營銷及產品定位進行「診斷」與策劃。筆者曾有幸參加了這家廣告諮詢公司為這一國產飲料品牌的「診斷」策劃過程，現將這一過程披露如下：

上海這家廣告諮詢公司的《策劃書》在「題記」中首先引用了美國營銷專家賴茲、屈特的話：「現代營銷戰爭在更大程度上進行於人們的心智的空間而非地理的空間。」又引用了拿破崙的話：「以弱勝強的戰爭藝術，在於在攻擊或防禦的特定點上，永遠保持較大的軍力。」該諮詢公司的診斷從市場調查開始。通過對飲料消費市場的調查，《策劃書》指出：在飲料市場中，五～三十四歲的消費者經常喝飲料的占全部調查人數的百分之七十八；三十五～四十四歲的消費者經常喝飲料的共六人，占全部調查人數的百分之十五；四十五～五十四歲的消費者經常喝飲料的僅三人，占全部調查人數百分之七・五。另據調查結果，五～三十四歲的消費者中，經常喝可樂等碳酸類飲料的，隨著年齡的減小而呈上升趨勢；反之，在這一年齡檔次的消費群體中，經常喝礦泉水和純水的，則隨著年齡的增加而呈上升趨勢。據此，《策劃書》對飲料市場及其消費主體的消費行為作了如下描述：少年兒童和青年是碳酸類飲料市場消費主體。其中，青年人（十五～三十四歲）隨著年齡的增長有向礦泉水和純水市場流動的趨向；少年兒童（五～十四歲）則比較穩定地固守在碳酸類飲料上。

據調查，「二樂」在碳酸類飲料的市場占有份額高達百分之八十五和百分之七十五，完全是碳酸類飲料市場的霸主。現代營銷理論認為，在足夠強大的對手已經占領了產品定位的制高點時，與其發生正面衝突是不明智的，也是勞而無功的。應當尋找對手的薄弱環節即採取迂迴戰術加以攻擊。「二樂」沒有將少年兒童作為它們的「現今」目標消費對象加以訴求，這是「二樂」不應有的疏忽，對於該國產飲料品牌來說，這也是一塊「黃金空白」。在少年兒童的心智尚沒有一種品牌的飲料占據其制高點時，誰先占領，誰就是第一品牌。

《策劃書》對該國產飲料品牌的「問題點」和「機會點」進行了深入的分析。在「問題點」的部分，《策劃書》指出：市場區隔不清是該國產飲料品牌的產品策略上的盲點。該公司提供的訊息在回答「競爭者的產品賣給哪些人？對目標消費市場有何種描述？和公司相同嗎？」的問題時認為：「可口可樂和百事可樂的產品面向普通老百姓，與我公司的目標市場相同。」《策劃書》指出，⑴「二樂」被平民百姓接受是其產品經過了十多年的市場發展的「結果」。當初這兩家產品在進入市場時它們的市場區隔是很清楚的，即以青少年為主要目標消費對象。現在它們的產品被最廣大的消費者接受，那只是主要目標消費對象延伸與擴大的結果。⑵該國產飲料品牌希望以「廣大普通百姓」作為自己的目標消費對象，模糊了產品的市場區隔。在產品「賣給誰」的問題上認知不清。想打「所有的」消費者，其結果是誰也打不著。對於該公司原先以「百年老牌，天然純真」為廣告主題的做法，《策劃書》指出，⑴飲料不是酒，酒是越陳越好，所以，酒可以以「百年老牌」為其廣告主題。但飲料是青年人的世界。青年一般的心理特徵是求變化、求時髦、求創新。「百年老牌」的廣告訴求，其消費心理的感受是灰色調的、落伍的、不時髦的。特別是在改革開放初期，青少年消費群體中瀰漫著一種「崇洋」的消費心理，以「百年老牌」作為廣告主題來訴求，更不能贏得廣大青少年的青睞。(2)「天然純真」是指飲料的物理性功能。在飲料上訴諸於此一類物理功能的廣告用語現已太多太濫。在廣告資訊已過於飽和的今天，它很難給人以耳目一新的新鮮感，因而很難進入消費者的心智。「天然純真」的飲料誰都能喝，問題的關鍵是到底由「誰」來喝？

但國產飲料品牌並非沒有機會。在「機會點」的部分《策劃書》指出，該國產飲料具有四方面的機會點：首先，該國產飲料品牌具有一百三十年歷史，遠遠超過「二樂」，是世界上歷史最悠久的飲料品牌。時至今日，這一品牌效應雖然遭到了削弱，但仍然沈澱在廣大消費者的潛意識中。這是該國產飲料品牌最可寶貴的資源。其次，該國產飲料品牌和許多國有大中型企業一樣，曾一度陷入困境。但自一九九四年起，其生產和銷售業績有很大的改觀。更為重要的是，在「二樂」的強大壓力下，企業內部產生了極強的凝聚力。這是企業賴以重整旗鼓的寶貴的「實現資源」。此外，政府為國有大中型企業解困的優惠政策亦為「二樂」所不享。第三，該國產飲料品牌有本土作戰之利，其最高決策層亦有深刻的憂患意識。古語云：「置之於死地而後生。」該國產飲料品牌在經歷了重大挫折後重新爆發出了強烈的生存感，在正確的市場策略輔佐下後勁無窮。第四，在「硬體」方面，該國產飲料品牌擁有一流的水處理裝置。產品質量上乘，產品種類眾多也是企業之優。

飲料消費心理分析認為，飲料作為一般的解渴消費品，對於消費者來說，除了重視其物理性功能外，在相當程度上還重視飲料消費的心理性功能。即是說，消費者在相當程度上將飲料作為一種愉悅生活、情感消費的「道具」。「二樂」的廣告訴求主題具體到廣告畫面上，營造了一種青年人嚮往的充滿朝氣和生命力的氛圍，取得了他們的青睞。換言之，青年人在消費「二樂」時能夠產生一種「圈層歸屬感」。同時，趨眾心理也有力地左右著消費者的購買行為。這一點，在少年兒童中尤其突出。「全仕奶」（一種盒裝奶製品）的熱銷主要就是成功的廣告宣傳贏得了廣大少年兒童的好感，群起而互相效仿購買所造成的結果。因此，成功的廣告宣傳對於少年兒童從眾消費心理的形成，具有決定性的影響。

「市場定位的靈魂是市場區隔和目標消費群體的界定」。根據市場調查，諮詢公司為企業制訂了如下策略：

1.**產品定位**——利用「二樂」的「空白點」，以五～十四歲的少年兒童為第一目標消費對象。由於年齡偏小，少年兒童還沒有商品購買能力。但他們有商品購買的「請求權」，有鑑於此，在廣告媒體的選擇上，既要考慮家長暴露於何種媒體，又要考慮少年兒童暴露於何種媒體，而要將重點指向後者：對少年兒童直接訴求。這樣做，是希望他們向家長發出「購物指令」而實現購買行為。總之，要借助於第一目標消費對象的銳利性刺入市場，鞏固陣地，並適時由少年兒童向青年和中年消費群體延伸和擴大。

2.**營銷策略**——收縮拳頭，在某一局部點上發動一場「滑鐵盧戰役」，爭取「點」上的絕對優勢，選擇上海的南京路為突破口。理由是，(1)該國產飲料品牌一九九四年百分之六十的銷售收入來自上海市場；(2)企業地處上海，其企業的凝聚力也在上海，因此在上海作戰，有天時、地利、人和之優勢。而上海的商業中心在南京路，因此，選擇南京路為突破口，在這一局部點上形成優勢是可行的，根據「傷其十指，不如斷其一指」的營銷原理，將有限的財力集中使用在南京路上，將南京路「斷」下來，這樣，依託南京路「中華第一街」的巨大廣告效應，寄希望於由「點」向「面」的輻射。同時，要將「中間地帶」帶動起來。考慮到居民居住小區內星羅棋布的煙紙店是小區居民經常消費的場所，應當走「下層路線」，將居民小區這一「二樂」無法壟斷的中間地帶利用起來。

3.**廣告策略**——以「中國人，喝自己的飲料」為訴求主題。理由是，(1)該國產飲料品牌具有一百三十年的寶貴歷史資源。以這一廣告主題重新喚醒人們心智中的潛在回憶。(2)「自己」一詞內涵豐富。除了可以理解為「中國人自己的飲料」外，也可以理解為中國少年兒童自己的飲料。這一點，可以由富於創意的、為少年兒童所喜聞樂見的廣告片加以完成。(3)由於上一點，可以根據消費時尚的變化以及根據目標消費對象的適時擴大與延伸，將不同內容的「自己」作為訴求主題。即是說，可以根據不同場合與條件不斷變換訴求內容。這是「自己」一詞的豐富內涵決定的。

綜觀該廣告諮詢公司為上海老字號國產飲料品牌所作的策畫可以看出，緊緊抓住產品的市場定位是其核心。依照「白馬非馬」論，也就是避開「二樂」這兩家飲料消費市場的

「老大」和「老二」，首先明確對自己的定位。套用公孫龍的白馬非馬論，對於一般的求「馬」者——也就是飲料消費市場的顧客來說，雖然他們並不考慮「馬」——飲料有什麼「顏色」，即所謂「馬者，無去取於色」；但現代經濟社會中的企業卻必須明確自己是哪一種「馬」。如若是「白馬」，則必須肯定它是白色的，即「白馬者，有去取於色」。有了明確的定位，企業才能夠有一個努力的方向，企業應當將「白馬」的企業形象在它的潛在目標消費群體的心目中紮根，並最終贏得消費者的青睞，使他們選擇「白馬」而不是「黃馬」或「黑馬」。該國產飲料品牌因為擁有一百三十年的歷史，而又需面對「二樂」這樣強大的競爭對手，因此在廣告中它以「中國人，喝自己的飲料」為訴求主題，將自己的「中國人的飲料」與「二樂」的產品區隔開來，並據此制訂了一系列的營銷策略。這種定位，合乎現代營銷中的CI理論的要義，同時也符合公孫龍白馬非馬論中的精華。

「問鼎」的現代意義

「問鼎」現在已經成了一個帶有褒義的詞彙了。人們在奪冠或取得優異成績以後往往用「問鼎」形容之。但「問鼎」的原始義卻是指「篡奪」，因此是一個貶義詞。這個詞源於《左傳・宣公三年》。它說的是楚莊王問周鼎輕重的故事。春秋中期，周王室已經日薄西山，衰落得不像樣子了，而楚國的勢力則如日中天。楚莊王稱霸時「討伐陸渾之戎」，擊敗了原居於今陝西、山西一帶的游牧部族之後，他來到了周的國都「雒」，即今天的洛陽，在周天子統治的境域內「觀兵」——檢閱軍隊，向周天子耀武揚威。周天子派了一個叫王孫滿的史官接待了楚莊王。楚莊王心懷叵測，「問鼎之大小輕重」，王孫滿對他說：鼎的輕、重，取決於天子是否「有德」而不在鼎本身。夏代鑄有九鼎，夏、商、周三代均以九鼎為立國的重器，政權的象徵。像夏桀、商紂這樣的昏君，鼎在他們那裏再「大」再「重」也「輕而易舉」；而像周武王這樣的明君，鼎再「小」再「輕」卻是重不可移。「周德雖衰，天命未改，鼎之輕重，未可問也。」後來就以「問鼎」譬喻有篡奪王位的狼子野心。

對於現代營銷來說，楚莊王「問鼎」的故事，其意義在於「鼎」本身「用途」的「轉移」，以及這種用途的轉移「定型」以後它所隱含的表徵性。我們知道，早在原始社會的末期鼎已經出現了。那時的鼎是用作為食品的盛器和煮食的炊具。進入文明時代以後，鼎的作用發生了明顯的變化：除了用作炊具外，鼎還被用作為祭祀的器具。到了商代，鼎就主要用來祭祀了。除此之外，鼎還是一個人身份和地位的象徵。在商代，只有顯赫的貴族才有資格使用鼎，鼎一般係由天子賞賜。因此，鼎在擁有它的貴族眼中是極受重視的重器，被世代相傳，供奉不替。

鼎從盛器和煮食的炊具漸次向祭祀器具和身份與地位的象徵的變化和轉移使我們看到，在進入文明時代以後，鼎的「物質」的功用已逐漸衰退，而它的「精神」的功用則日見顯露：鼎既然成為了地位和身份的象徵，表現在國家這一最高級別的政權的層面上，「九鼎」也就成為天子的「代表物」了。

現在，讓我們借助於鼎的實例，來探討一下觀念的「積累」問題。

鼎在用來燒飯和盛食品的時候它顯然並不「尊貴」。鼎的尊貴是從它由「物質」領域進入「精神」領域之後開始的，是在鼎變成了祭祀用的器具，從而代表了一個人的地位和身份以後，它才「尊貴」起來的。因此，「鼎是尊貴的」這樣一個觀念是人們主觀附加在鼎之上的。這就是說，通過人們「主觀」的「努力」，人們可以將一些與原器物毫不相關的品質「加載」在該器物上，使得原先並不尊貴的東西可以變得「尊貴」起來。而這件器物因其「尊貴」也就成為了一種「象徵」，變成了一種「符號」。以後，當人們一接觸到這件器物時，首先「感覺」到的就是該器物的「象徵」的意義，而它原始的「物質意義」或其他意義則隱退不顯了。與此同時，人們對於被他們主觀上「有意識地」尊奉的器物的「感覺」，在時間的長河中是可以不斷地「積累」而被「強化」的，是可以最終導致這種感覺「定型」的。我們看到，在夏商周三代，「九鼎是天子的象徵」這樣一個觀念就是在不斷地積累而被強化著的。這樣一個觀念的「強化」，它在人們心目中的「積累」過程，是一個逐漸「深入人心」的過程。經過長時間的積累，「九鼎」代表著天子，就成了人們的「共識」。當人們一談到鼎，一看到鼎，甚至於一想到鼎，立刻就會把它和「天子」聯繫起來，而再也不會「想到」它是一件盛放食品的器物。所以，當楚莊王一「問鼎」，王孫滿立刻回答他：「鼎的輕重是不可以問的」。這說明，鼎這件「器物」在王孫滿的「心目中」已經成了一種王位的「象徵」。這也就是為什麼「問鼎」一詞在當時具有「篡奪」之原始涵義的根本原因所在。從鼎由「物質」而「精神」的變化過程，就引申出了一個很有意思的話題，即王位是可以「象徵」也就是可以用某一種「器物」來「代表」的。這樣，我們就破解了一個現代營銷過程中的「密碼」，那就是：⑴器物本身可以由人們「賦予」它精神上的「意義」。⑵器物的這種「精神意義」是可以「積累」並且可以不斷強化的。⑶當器物的精神意義「深入人心」時，該器物就成為了某種「象徵」，這時，該器物已經不再僅僅是該器物了，它「轉移」了，「變化」了，在它的身上增加了某些原先和它毫不相干的要素，它成了一種「特殊」的「存在物」。從現代營銷的視角來看，「概念」的積累是重要的。現代企業的經營者如果能夠使得你主觀上希望樹立的某種「概念」成為「你」的企業的象徵，並使之「深入人心」，使得人們接受這一概念，使之成為人們的「共識」，這時，你就成功了——因為你占領了「人心」。而「概念」要想植入人心，必須像錐子那樣「尖銳」亦即「獨特」。越是獨特的概念也就越尖銳。這可以從歷史的經驗和教訓中得到啟發。例如，二戰時德國納粹所專用的納粹符號和「黑色」的納粹軍服便是獨一無二的。它極為「刺目」，可以說是「觸目驚心」。因而它給人留下了極為深刻的印象。這種「概念」的運用大大強化了德國法西斯的醜惡形象。又如，植入被統治者心中的「帝王」的象徵物的概念也因為它是「獨一無二」的而顯得極為「尖銳」。在中國這樣一個封建專制的國度中，依靠政權的無比威力，帝王可以將他想要樹立起來的概念強迫人們接受。譬如帝王的「專用色」——黃色，以及只有王室才能夠使用的器物、服飾、禮節等等，所有這一切都是任何平頭百姓不可「染指」的。再往深度裏想，德國法西斯和封建政權成功地依靠某種「力量」建立了他們的專用色和專用物，那麼，在現代社會中，企業若想成功地將他們所需要樹立的某種「概念」植入消費者的「心目中」，他們也需要使得這一概念「獨一無二」起來，並借助於某種「力量」才能成功。「寧為雞口，無為牛後」的成語所蘊含的意義肯定能夠告訴我們一些什麼。「雞口」是指雞的嘴，「牛後」是指牛屁股。「寧為雞口，無為牛後」這句話的意思是說寧可當雞的頭（口），也不做牛屁股。戰國時期國際風雲譎詭多變，戰事連連，秦、楚兩國實力最強。為了爭當「七雄」的首領，兩國展開了你死我活的爭鬥。以楚國為首的「合縱」攻秦和以秦國為首的「連橫」攻楚是戰國時期國際間矛盾與鬥爭的形勢大要。當時韓國也兵強馬壯，卻追隨秦國。戰國時著名的「說客」蘇秦為了說服韓棄秦投楚，「合縱」攻秦，曾對韓王說過這樣一段話。他說：我曾經聽說過這樣一句俗語：「寧為雞口，無為牛後」。以大王的賢明，以韓國這樣的實力，韓卻對秦拱手稱臣，這一點令人費解。雞雖然小，但雞口是雞的「首領」；牛雖然大，牛後卻只是牛屁股，依照韓國的實力，難道大王寧願做「牛後」而不願意做「雞口」嗎？宋代的鮑彪解釋說：「牛後雖大乃出糞」。將「雞口牛後」放到現代營銷有關「概念」的理論關照下來理解，「雞口」可以看作概念的獨特性，「牛後」則比喻其大而無當，老是跟在別人的屁股後面，絲毫顯示不出自己的「特色」來。那麼，要使你的概念獨特，當然也就是要使得概念的設計和運用必須充當「雞口」而不能做概念的「牛後」了。但是，概念的設計和運用的獨特性，是建立在市場細分的基礎上的。所謂「市場細分」，按照國際著名營銷學專家，營銷工程學創始人蓋瑞·利連安(Gary Lilien)的說法，「市場細分」是指「將一個市場分成不同的顧客群體。」「在營銷工程中，細分市場研究的步驟分為：設置細分的目標，選擇對實現目標最有用的基於需要的變量，選擇成組分析過程，將顧客列入不同的細分市場，根據已知能力和可能的競爭反映進行目標定位，選擇最合適公司戰略的細分市場。」「正確的市場細分是企業生存發展的戰略基礎」。企業必須認識到，只有建立在市場細分基礎上的「概念」才是準確的。也就是說，企業只有對它的目標消費群體有了明確的意識之後，它才能有的放矢地給自己的產品一個正確的「定位」，並據此「設計」出適合一目標消費群體、適合自己的產品的獨一無二的「概念」來。與此同時，當某一概念被選中以後，還必須倚靠某種「力量」，才能使這一概念在人們的心目中扎根。封建時代的帝王要確立某種概念，靠的是政權的專制力量，強迫人們接受。企業沒有封建帝王的那種威力，但它要確立某種概念也離不開力量的推動和保障。這個力量首先就是「宣傳」，是廣義的「廣告」，同時也需要法律對業已樹立起來的概念加以維護。

現仍試以麥當勞的成功經營為例說明之。

麥當勞現已成為全球餐飲業中最大的快餐連鎖店。麥當勞的成功首先得益於它的經營理念「Q」、「S」、「C」、「V」的「定位」。這四個字母分別是 Quality（質量）、Service（服務）、Cleanness（清潔）、Value（價值）四個單詞的縮寫。「Q」、「S」、「C」、「V」共同構成了麥當勞以滿足顧客需要為宗旨的經營理念。漢堡是美國人愛吃的一種快餐食品。以前美國人也能夠在餐廳和餐車上買到漢堡，但絕大多數經營漢堡的餐店質量都很差，這表現在服務態度、產品質量、衛生條件以及供應顧客的速度等各個方面。二戰以後，隨著美國經濟的騰飛，人們的生活節奏明顯加快，沒有更多的時間燒菜做飯。特別是汽車工業的大發展使得私人轎車在美國得到了普及，並帶動了高速公路的迅速發展。人們在外出旅遊時深感用餐的不便，因此社會對於快餐的需求大大增加。克勞克看準了快餐業巨大的商業前景。二十世紀五〇年中期，克勞克以二百七十萬美元買下了理查兄弟經營的七家麥當勞速食連鎖店及其店名。開張尹始，克勞克即確定了「Q」、「S」、「C」、「V」為經營理念的CI。他將標準化經營的方針灌輸到麥當勞總部及其麾下各分支機構的所有員工的頭腦中。首先，各經營分店的麥當勞員工，都必須先到位於伊利諾州的麥當勞漢堡大學培訓。獲得及格證書者方可成為麥當勞的正式員工。麥當勞制訂了嚴格的產品質量標準。規定以經過專門培植和精心挑選的馬鈴薯用作炸薯條的原料。馬鈴薯到貨後還必須經過一段時間的儲存，使得澱粉和糖的比例達到標準。薯條經油炸後須立即供應給顧客。若七分鐘後薯條仍未售出，即作報廢處理。所有的麥當勞速食店都有統一的衛生標準。速食店的座位寬敞舒適，形狀、色彩統一；女員工必須佩戴髮網；工作人員不許留長髮。店堂內須保持衛生。發現地面有污垢、垃圾或雜物須立即清除。所以，麥當勞給人的感覺永遠是窗明几淨。麥當勞的速食服務也是一流的。在高速公路的兩旁高高懸掛著「M」標誌，提醒過往行人：前方不遠處就有麥當勞連鎖店。食品的品名和價格也醒目地標在牌面上。顧客在外出旅遊時可以電話預購食品。路經速食店時店方將已經事先裝在清潔的紙盒或紙杯內的食品交付顧客，並備有一次性的塑料刀、叉、匙、吸管、餐巾紙，過往的行人付款後可以立即取貨，驅車趕路而無需等待。由於麥當勞在服務、質量、衛生三方面獨樹一幟，成績突出，顧客在麥當勞用餐後覺得是一種享受，這使得麥當勞的事業如日中天，成績驚人。從五〇年代中期到一九八六年，經過三十年的發展，麥當勞已經成為世界上最大的速食業霸主，年銷售額達一百二十四億美元，年利潤達四．八億美元。麥當勞速食店遍布世界大多數國家和地區，其分店有近萬家。數十年努力的結果，使得質量(Quality)、服務(Service)、清潔(Cleanness)、價值(Value)這一「概念」成了麥當勞的代名詞。它們最終在消費者的心目中「積累」、「定型」的結果，就濃縮成了麥當勞的那個含金量極高的金黃色的「M」字樣的「標準圖案」上。

「專一」與同心同德

先秦時期有關「團結」的語錄可謂多矣。《管子・形勢》云：「上下不和，雖安必危。」（上下不和睦，雖然一時安定，終究要走向危亡。）《左傳・桓公十一年》云：「師克在和不在眾。」（軍隊克敵制勝的原因在於軍心一致，而不在於兵多將廣。）孟子說：「二人同心，其利斷金；同心之言，其臭如蘭。」（如果兩個人同心同德，他們力量的鋒利足以斬斷銅類的金屬；同心同德的言論，其氣味就像芬芳的蘭草一樣。）《莊子・山木》云：「無故以合者，則無故以離。」（沒有緣故聚在一起的人，也會沒有緣故地離散。）《韓非子・功名》云：「一手獨拍，雖疾無聲。」（一隻手拍得再快，也拍不出聲音來。）「團結」的結果，是要造成一種勁往一處使，心往一處想的「專一」局面。正如《呂氏春秋・執一》所說：「一則治，兩則亂。今禦驪馬者，使四人，人控一策，則不可以出於門閭者，不一也。」（統一能夠使天下大治，不統一則天下大亂。現在如果駕馭四匹馬併列的馬車，讓四個人一人握一根馬鞭策馬，那就連街門也出不去。這是因為步調不一致啊！）

先秦諸子的「專一」與「團結」之論我們可以將其作CI的理解，我們可以MI（精神識別）來認識之、詮釋之。

CI的精髓在於它以獨一無二、由表及裏的「統一形象」自立於企業之林。統一形象是謂「專一」。企業的外部統一可以通過運用「標準色」、「標準圖案」等技術手段達到目的；而企業的內部統一，則必須依靠MI，依靠企業的統一意志。企業的成功，歸根到底是經營的成功。經營是「人」的一種活動，因此，經營的成功，離不開人的「精神」支撐。企業的統一意志，一方面表現為服從、紀律、權威等等，它具有一種排他性甚至「專制性」。例如，松下電器公司開創前，由松下幸之助和武久逸郎共同經營。由於他們的經營理念不同，常常因互相抵牾而使事業無法順利發展。有一次松下幸之助對武久逸郎說：「共同經營是絕對不行的。若想繼續下去，必須由我執掌公司，你算是在我的公司做事，電熱器一塊由你來負責。」兩人雖然私交不錯，但最後還是不得不分道揚鑣。而松下之所以成為電器業的霸主，沒有這最初的「專斷」和「獨裁」是難以想像的。這是「兩帥不如一帥」的「專一」。企業內部有著千百員工，每一個人都有其獨特的「個性」。倘若企業的每一個員工都像《呂氏春秋》所說「四人禦馬，人控一策」，各自為政，發揮「個性」，那麼，企業就要「亂套」，這匹「馬車」「則不可以出於門閭者，不一也」。也就是說，企業的「專一」，它的「個性」因了員工的過於「專一」，過於「個性化」而喪失殆盡。所以，在企業內部，必須消彌員工的「個性」而強調「共性」，強調權威，強調服從。只有這樣才能達到企業的「專一性」，才能凸顯出企業的「個性」來。但在另一方面，僅僅靠服從，靠權威，將員工「管」得死死的、像一顆「螺絲釘」一樣，這種體制行不行呢？這種體制同樣也是不行的。因為企業的每一個員工都是一個個活生生的人而不是機器。人有思想，有抱負和追求，有自尊心。如果企業不能滿足員工作為「人」的上述起碼的要求，企業員工的積極性是不可能發揮出來的。而那種以權威、服從為唯一手段的管理體制之短，恰恰在於它沒有將員工當作一個「人」來對待，缺少「人情味」，有悖於「以人為本」的經營理念。「和為貴」。只有「和」，才能「一」。那種僅僅依靠「管」的體制沒有「和」，它只能造成表面上的「專一」，而不能真正塑造出企業的統一意志。只有在企業內部營造出一種同心同德的寬鬆、活潑的局面，最大程度地發揮出員工的積極性和創造性，才能使得企業獲得真正獨立的「個性」也就是「專一性」，從而置身於市場之林。

「同心同德」和「離心離德」二語出自《尚書・泰誓》。《尚書・泰誓》講述了商紂王造孽多端，民不聊生，周武王出兵滅商的故事。武王伐紂時說了一段千古流傳名言：「受（紂）有億兆夷人，離心離德；予有亂臣十人，同心同德。雖有周親，不如仁人。天視自我民視，天聽自我民聽」。「亂臣」，孔穎達疏：「亂，治也。」意思是說，商紂王雖然統治著億萬平民，但人民與他離心離德；我雖然只有十位治國的能臣輔佐，我們周人卻是同心同德的。商紂王至親再多，也比不上仁人得眾人的擁戴。上天的視聽也就是民的視聽。因為我們將民，將民意放在了首位，所以「天」會眷佑我們。孟子說過：「天時不如地利，地利不如人和。」他認為，鞏固國防，並不專靠險要的山川；能夠威服天下，也不專靠武器的鋒利，「得道者多助，失道者寡助」，能不能夠得天下歸根結蒂看你是否能得人心。是啊！「人心齊，泰山移」，但要想人心「齊」，必須得「道」。得「道」者，是謂得民心也，得民心者得天下。那麼，怎樣才能得民心？我們說：「以人為本」是能否得民心的關鍵所在。《韓非子・八經》：「下君盡己之能，中君盡人之力，上君盡人之智。」意思是說，事必躬親，只會用自己的力量的是最笨的君主；能夠利用他人力量的，是中等君主；善於集中眾人的智慧的，那才是高明的君主。三國時東吳的孫權有一句名言：「天下無粹白之狐，而有粹白之裘，眾之所積也，夫能以駁至純，不惟積乎？故能用眾力，則無敵於天下矣；能用眾智，則無畏於聖人矣。」說的也是同一個道理。對於一個國家，一個政黨來說，還有什麼能夠比得「道」也就是得「民心」以後所造成的「同心同德」的局面再重要的呢？同理，得道、得民心而造成一種「同心同德」的局面，這也是企業成功與否之大要。而「以人為本」就是企業經營的靈魂所在。

松下電器公司是日本最大的電器公司，也是世界電器業的龍頭企業。該公司自一九一八年由松下幸之助創立以來，主要得益於公司「造物先造人」的「人本」式經營所營造的寬鬆和諧、奮發向上的共同企業理念。松下公司的成功，自然離不開嚴格的企業管理制度。例如，松下的人事管理部門對全體員工實行一年一度的考核晉升制，公司嚴格地執行獎優罰劣，將考核制與員工的經濟利益直接掛鉤等等。但松下幸之助認識到，僅有嚴格的「管理」是不夠的。只有營造一種積極進取的企業精神，這才能真正將公司擰成一股繩。松下幸之助在談及他的經營之道時說過這樣一段話：「我們每一個人都要培養寬容的心胸，彼此容納、諒解，不固執己見。如果人人都做到這一點，大家一定能生活得更融洽、愉快，人與人的情感會更加深。每一個人也都可以充分發揮自己的特長，使事業和生活都更加稱心如意。」「人才不易培養。這也是經營者的煩惱之一。到底怎樣才能培養人才呢？就我自己而言，是盡量發掘員工的優點而不計較其缺點。如果我在用人時，盡量挑毛病，不僅無法放心，甚至會患得患失。這樣，不但會減低經營企業的勇氣，更無法發展業務。因此，領導者要有用人的勇氣，必須盡量發掘並善用部屬的優點。以七分心血去發掘優點，用三分心思去挑剔缺點，就可以達到善用人才的目的。」松下幸之助有一項「兩個輪子」的經營哲學，其要點是「員工和經營者，是公司經營之車上的兩個輪子。」即在企業經營理念上，企業的管理者和員工具有同等重要的價值。一九二三年，松下幸之助在視察工廠時發現工廠有五十多名工人，卻沒有一個人去打掃廁所。從這一件小事上幸之助看出了工人與企業之間存在著的對立以及勞資雙方的緊張關係。這時，松下幸之助既沒有責怪工人，更沒有處分工人，而是自作表率地捲起了衣袖和褲腿將廁所打掃得乾乾淨淨。工人的對立情緒和勞資雙方的緊張關係隨著幸之助的掃帚和拖把一洗而空。幸之助說：「作為工廠的主人，必須率先作出榜樣。我親自打掃廁所就起到了緩和緊張局面的作用。同時我也得到了一個重要的啟示，那就是作為經營者，不能僅僅依靠權威。」「不能僅僅依靠權威」，這正是松下幸之助的過人之處，也正是松下公司成功的秘訣。一九二九到一九三三年爆發了世界性的經濟危機。經濟的不景氣一度使松下公司的產品過剩。當時，部分公司的高層管理人員建議松下幸之助大規模地裁減職工。松下幸之助卻一口回絕了這一建議。公司作出的決定是：生產規模減半，職工一個也不解雇。管理者和工人一起去推銷庫存產品。因為當時絕大多數廠商都在裁員，松下公司與眾不同的舉措深得職工的擁戴。公司與員工有難同當，員工們也就將公司視為自己的家，他們與公司建立了生死與共的情感。在公司所有員工的共同努力下，只用了三個月，公司的全部積壓商品就被銷售一空，使得公司渡過了最初的難關。這是「人心換人心」的結果。為了充分發揮松下公司員工的主人翁精神，公司除了號召員工努力工作外，又專門設立了「公司提案制」。為此公司成立了提案管理委員會，下設提案審查組和提案推廣組。提案制度的實施，加強了松下員工的主人翁意識，極大地調動了他們的積極性和創造性。松下員工的提案率達到年人均五件以上，員工提案的入選率也達到了百分之十～百分之二十。可以毫不誇張地說，松下的成功，正是得益於公司的企業文化也就是松下的MI（企業精神識別）。

五 進說術

投其所好

那佛是美國一家專業煤炭商店的營銷人員。這家商店的生意雖然差強人意，但比鄰的那家規模龐大的連鎖店，用煤卻從來不在那佛的店中進貨，寧願跑遠路到別的煤炭商店去購買。這一情況，使那佛百思不得其解。每當他看到連鎖店的運輸卡車，拉著從別家店中購買的煤炭，從自己的店門口奔馳而過時，心中便泛起一種說不出的滋味和苦惱。「這樣下去不行？連近鄰的關係都打不通，我這個營銷人也太差勁了！」那佛於是暗下決心，非要說服連鎖店從他們的店中購買煤炭不可。

一天上午，那佛彬彬有禮地出現在了連鎖店總經理的辦公室裏。「尊敬的總經理先生！」那佛說道：「今天來叨擾您並不是為了向您推銷鄙店的煤炭，而是有一件事想請您幫忙。最近我店準備將就『連鎖店的普及對我國商業發展的影響』為題，主辦一個國際研討會。屆時我將要在會上發言。但您知道，在連鎖店營銷方面，您是前輩，是專家，而我是新手，是門外漢。因此，我想聘請您擔任這次國際研討會的特邀顧問，我還想向您請教一些有關連鎖業態方面的問題，望您不吝賜教，大駕光臨。因為除了您，我再也想不出其他更加合適，能夠給我以指點的人選了。我想您不會拒絕我的請求吧！」

結果怎樣呢?事後,那佛如此說道:

「我和這位總經理事先約定只打攪他幾分鐘。這樣他才同意接待我。結果我們卻談了將近兩個小時。這位總經理不僅談了他本人經營連鎖店的經過,談了他對連鎖店在今後商業中的地位與作用的認識,而且還吩咐一位曾經寫過連鎖經營小冊子的部下送我一本他寫的書。他又親自打電話給全美連鎖店工會,請他們給我寄一份有關連鎖經營的統計資料的副本。談話結束,我起身告辭時,這位經理笑容滿面地送我到門口,他預祝研討會開得成功,祝我在研討會上的發言能夠贏得聽眾。臨別時他對我說的最後一句話是『從春季開始,請您再來找我。我想本店的用煤由貴店提供,不知行不行?』」

二十世紀六〇年代後期,正是中國「文化大革命」如火如荼之時,其影響甚至擴大到了歐美。中國的紅衛兵手捧《毛主席語錄》的鏡頭經常出現在歐美的電視螢幕上。一天,一位年輕的歐洲商人來到中國大使館,說他將要參加「廣交會」,希望得到一本英文版的《毛主席語錄》和一枚毛主席像章。使館的工作人員滿足了他的要求。臨別前那位商人對使館工作人員說:「我還有另外一種『小紅書』,改日寄給你們。如果有興趣不妨一讀。」三天後,使館接到了商人寄來的小紅書,樣子與毛主席語錄相仿。書名是《與中國人做生意的秘訣》。書中寫道:「無論你心裏是否贊同文化大革命,但在口頭上你一定要表現出對文化大革命的贊成和擁護,你對中央文革小組和各地的革委會一定要裝出十分敬重的樣子;你不能只談生意,而一定要談一點政治,最好能夠引用一兩句毛主席語錄,這樣效果更佳。在具體做法上謹對您提出以下建議:您在廣州下飛機前首先應當檢查一下您是否佩戴了毛主席像章以及您的公文包中是否準備好了毛的《語錄》。您應當盡快約見廣交會的負責人或您的貿易伙伴。您千萬不能立刻與中國人談生意，也不必請他們吃飯，而是最好表示您想觀看一次樣板戲，說您對《紅燈記》等仰慕已久，希望這次到中國來能夠滿足一下宿願。這樣做可以給對方留下一個極美好的印象。當交易談得差不多時，您要趕在合同簽訂之前再一次向對方表示您希望得到一部《老三篇》，並應當顯示出十分虔誠的樣子。」小紅書最後這樣總結道：「您這樣做也許會感到彆扭，好像在演戲。但請不要忘記您是在和中國人做生意，而您的做法是目前中國最時興的。和中國做生意，您一定要著眼於政治。如您被中國人列入了國際友人的行列，那將是您莫大的福份。您將會因此而財源滾滾。」

一個長時間未能解開的死結，被那佛用了兩小時的談話就解開了，充滿著愚昧、滑稽、不可思議的做法，在「文革」期間就是那樣大行其道，這奇怪嗎？這並不奇怪。伯牙高山流水覓知音和觸礱說趙太后的故事，很可以為那佛的成功營銷和那位歐洲商人的做法作一個注腳。

相傳伯牙擅長鼓琴，鍾子期最愛聽。伯牙演奏志在高山之音，鍾子期便說：「善哉！峨峨兮若泰山！」伯牙演奏志在流水之樂，鍾子期便說：「善哉！洋洋兮若江河！」凡是伯牙鼓琴時的所想，鍾子期無不能夠從他的琴聲中感悟出來。伯牙因此視鍾子期為知音，他只在鍾子期面前演奏曲目，只和鍾子期談琴論曲。後來鍾子期死了，伯牙失卻了知音，便拉斷琴弦，從此再不操琴了。

「對牛彈琴」，索然無味。彈琴者之所以興趣全無，這並不是說琴師的琴藝欠佳，而是因為牛不會欣賞琴師的琴藝，伯牙拉斷了琴弦，也是因為伯牙琴藝高超，在他的眼中，能夠聽懂他琴聲的只有鍾子期一人。可見人是需要被人「欣賞」的。再高明的人若是沒有了「對象」的欣賞，他也不會表現出積極性來。

公元二六五年，趙惠文王新卒，孝成王初立。因為年幼，由趙太后執政。這時，秦國乘機出兵進攻趙國，趙國求救於齊。齊國提出條件，要以趙太后的少子長安君為人質。趙太后不肯，並拒絕臣宰們的勸說，謂：「有復言長安君為質者，老婦必唾其面！」左師觸讋為了國家的利益，自願前往說服趙太后，「太后盛氣而揖之」。

趙太后何以未聽觸讋所言便「盛氣而揖之」？顯然，她已經料到觸讋是來勸諫，讓她同意以長安君為人質。趙太后對此極為反感，故而「盛氣而揖之」。可以設想，倘若觸讋見到趙太后立即以直言規諫，趙太后不僅不會接受他的勸說，說不定還真會向觸讋的臉上吐口水呢！然而，出乎趙太后的意料，觸讋閉口不談人質的事。只見他「入而徐趨，至而自謝，曰：『老臣病足，曾不能疾走，不得見久矣。竊自恕。恐太后玉體之有所郤，故願見。』」觸讋一開口就說自己腿腳不好，而腿腳不好，這又是老年人的通病，趙太后也是老年人，所以她聽觸讋這麼一說，便接口道：「老婦也是憑著轎子才能行走呢。」接著，觸讋又從老人的步履維艱談到飲食起居，談到年老者不貪食的好處，談到老人的養生之道等等。總之，話題全是圍繞著趙太后感興趣的「老人」的一些瑣事而展開。這樣，「太后之色稍解」——她原來的怒氣消解了，和觸讋之間的抵觸情緒也減少了許多。這時，觸讋巧妙地談起了趙太后最樂意聽的老年人關心子女的事。他說：「老臣有不肖少子舒祺。現在老臣已年邁體衰，故對舒祺不免愛憐有加。老臣希望能夠讓他補一個護衛王宮的『黑衣』的差事，冒死以聞達太后。」太后道：「可以啊！但不知他今年幾歲了。」「十五了。」觸讋答道。「雖然年紀小了些，但老臣願在閉眼臉之前把他托付給太后，這樣，老臣死也瞑目了。」趙太后見觸讋如此厚愛其子，不覺脫口問道：「難道大丈夫也這樣愛憐子女嗎？」觸讋答道：「甚於婦人。」直到這時，觸讋才轉向了正題。他分析了當前的政治局勢，談了聯齊抗秦的必要性，說明太后如果真的疼愛長安君，就應當以國家利益為重，同意讓長安君去齊國當人質。這樣，國家保住了，長安君這一輩子也就有了保障。一席話說得趙太后心悅誠服，終於同意讓長安君去齊國當人質。

每個人都有自己的愛好和感興趣的領域。當交談涉及這些領域時，交談的雙方就會很自然地產生一種遇到「知音」的感覺。俗話說：「酒逢知己千杯少，話不投機半句多。」鍾子期與伯牙談琴論曲，觸讋和趙太后談健康，談飲食起居，談子女前途，交談的雙方之所以以融洽無間，正是因為雙方都覺得遇到了知音，遇到了能夠理解自己並尊重自己的「對象」。那佛不選擇其他的談話內容，而是有的放矢地選擇連鎖業態這個話題，因為他很清楚，出於職業習慣，連鎖店的經理肯定會對連鎖經營這一話題感興趣。果不其然，對方一聽到這個話題，頓時談興大起，雙方竟然談了兩個多小時。原先的芥蒂也在交談中不知不覺地冰釋瓦解了，那佛的目的也達到了。而處於「文革」之下的中國，時時處處需要「紅寶書」《毛主席語錄》作為「通行證」，大談政治，談樣板戲，表明自己的階級立場，這也是文革特有的時風。遵循這種時風，事情就辦得通；違背這種時風，很可能寸步難行。那位歐洲商人深諳此道，他送給使館工作人員的那部小紅書所説的話完全符合文革的特定環境和實際情況。

現代心理學泰斗馬斯洛(Abraham Maslow)一九四三年創立了著稱於世的「需要層次説」。在這一學説中，馬斯洛專列了「自重的需要」。其主要内容就是，人人都具有希望得到別人尊重，被別人理解的需求。在受到尊重和理解的前提下，人與人之間容易産生共鳴並能互相信任。「投其所好」正是滿足人們「自重的需要」之有效途徑。現代營銷人應當深刻地領會馬斯洛「需要層次説」的科學論斷。在營銷工作中，務必認真仔細地窺察並揣摩對方的「所好」或興趣所在，不失時機地「投其所好」，以求得對方的「心悦」，縮短主客雙方感情上的距離，從而打開營銷的大門，拓展銷售的出路。管子説得好：「目貴明，耳貴聽，心貴智。」又説：「教者，標（高舉）然若秋雲之遠，動人心之悲；藹然（油潤貌）若夏之靜雲，乃及人之體；……蕩蕩若流水，使人思之。」此為「三貴」。現代營銷人具備了管子所説的目明、耳聰、心智這「三貴」，在和客户交往時就能夠使對方感到心動、意舒，神思無礙，這才是您的真成功。

學習傾聽

人們常說，營銷是「動口」的工作。這話實際上只說對了一半，而且還是一小半。不錯，營銷人在和客户的交往中講解、介紹、解釋、答疑，這都需要費口舌；但如果不注意傾聽客户的意見，而是自己在那裏滔滔不絕，或是漫無邊際，無的放矢，哪怕你說得天花亂墜，也只能使聽者卻步，收不到良好的營銷效果。只有認真傾聽客户的意見，以此了解商品在他們心目中的定位和他們對商品的看法，然後才能說得中肯，言之有物，使客户「心悦」而誠服。這是一個方面。另外，企業的營銷人員對本企業產品的品種、規格、性能、特點等無疑是清楚明了的，但對千千萬萬的消費者則是陌生的，隔膜的，對消費者的喜好與要求也是不盡了解的。而且，企業廠商又何止千萬，同類產品又何止千萬，究竟哪家的產品為消費者所歡迎，所喜愛，產品的銷路如何？所有這些，企業的營銷人員同樣是不盡明了的。正如《慎子》一書所說：「離朱之明，察秋毫之末於百步之外；下於水尺，而不見淺深。非有不明也，其勢難睹也。」這就是說，即使像離朱那樣的千里眼，到了水下也看不清楚了。這是因為一個人的所知所曉總是有限的。要想知曉得更多一點，就需要不斷地學習。對於營銷人來說，善於傾聽，正是學習的重要方面。企業生產，說到底是為消費者而生產的。企業產品能否使得消費者稱心如意，這完全取決於消費者。那麼，怎樣才能知道消費者對產品的意見呢？這只有靠廣泛、認真地「傾聽」來自消費者的聲音，用行話說，就是要依靠「反饋」才行。就像一個教師的授課是否受學生的歡迎，這要靠傾聽學生的意見；甚至一個人的為人處世，他的口碑如何，他是否搏得了別人的尊重，也同樣要靠傾聽才能知曉。沒有「傾聽」或不善於「傾聽」，那就什麼情況也了解不到，就變成了「孤陋寡聞」了。造物主將人塑造成兩個耳朵，兩隻眼睛，一張嘴巴，就是要求人們多聽聽，多看看，少講講。「多聽」而「少說」，這也是營銷人員的必備的素養。

商鞅要向秦孝公推銷他的變法主張。他第一次游說秦孝公時，談話的內容是有關「帝道」的。結果，「語事良久，孝公時時睡，弗聽。」商鞅見秦孝公對「帝道」不感興趣，就換了一個「王道」的話題。秦孝公在聽的時候無精打采，話也很少。商鞅游說秦孝公，孝公一次打瞌睡，一次沈默。然而，「此時無聲勝有聲」。正是從秦孝公的「無聲」中商鞅「聽」出了他的「弦外之音」：他不滿於商鞅的所說。商鞅立刻改弦更張。第三次游說秦孝公時，他改換了「霸道」的話題，秦孝公一聽就來了精神。第四次商鞅仍然接著「霸道」的話頭談下去，效果特別好，「（秦孝）公與語，不自知肘之前於席也，語數日不厭。」孝公感興趣，甚至改變了坐姿，側著身子聽商鞅高談闊論，接連幾天都不厭倦。最後，孝公採納了商鞅變法的建議，商鞅被委以重任，秦國也因此「民以殷盛，國以富強，百姓樂用，諸侯親服，獲楚魏之師，舉地千里」，「拱手而取西河之外」。

孟子也是一位善於傾聽的高手。他準備向齊宣王推銷他的「施仁政」的主張，但在見到齊宣王時，孟子並不急於將他的主張和盤托出，而是與宣王談歷史，拉家常。交談中，齊宣王問孟子：「齊桓晉文之事可得聞乎？」要求孟子談一談齊桓公、晉文公稱霸的事。從齊宣王的這一發問「反饋」中，孟子聽出了他希圖步齊桓公、晉文公的後塵，稱霸中原的志趣，於是便巧妙地就著齊宣王感興趣的建立霸業的話題推銷起了自己「施仁政」的主張，指出：施仁政能夠獲得民心，獲得民心也就是獲得百姓的擁戴，這是建立霸業的前提。所以，施仁政是建立霸業的最有效的途徑。一席話義正雄辯，齊宣王也聽的不亦樂乎，他高興地稱讚孟子說：「《詩經》上有兩句話：『別人心裏存著什麼念頭，我都可以揣度出來。』這兩句話，不正是說的您老先生嗎？」你看，孟子也是夠高明的。他和齊宣王談歷史，拉家常，這是孟子在進入他的「營銷主題」前的必要鋪墊。因為從這一層鋪墊中孟子可以「傾聽」，可以探明齊宣王的興趣所在，然後可以尋找到談話的「切入點」。宣王談著談著，不覺扯到了「齊桓晉文之事」上，孟子立即知道了宣王的興趣所在，並能夠立即找出自己的「產品」——施仁政與顧客的所需——齊宣王建立霸業之間的相通之處，適時地進行推銷，最終獲得了成功。

商鞅和孟子都是從「傾聽」對方的「反饋」中窺察出了對方的意願，從而成功地推銷了自己的「產品」的。商鞅和孟子的成功絕不僅僅依靠他們的能言善道，而首先取決於他們的善於傾聽。「察言觀色」，首先要「察言」也就是要「傾聽」，這是營銷的法寶。

不從「傾聽」中了解顧客的心理和需求，光靠一味地「說」，這個「說」就成了無的放矢了。這樣是達不到營銷的目的的。

現在，隨著世界經濟一體化進程的加快，人們已經越來越感到「我」和「市場」之間的密不可分，越來越體悟到「市場」的制約性影響。在這裏，大到國與國之間的商業貿易，小到一個具體的企業與市場的交流，再小到人與人之間的關係，歸根到底無不表現為「我」和「市場」之間的「交往關係」。世界貿易的開展需要國家在世界各地設立商務機構，專門搜集有關的商務情報與動態，作為本國相關部門的決策依據，這可以理解為國家必須善於「傾聽」；企業為了使產品更加貼近市場，必須倚靠市場訊息的「反饋」，從而作出對市場的準確判斷，這也可以理解為企業必須善於「傾聽」；人是社會的人而不是孤立的人。一個人要能夠立足於「社會」，就必須在一定程度上滿足「社會」的需求。只有在滿足了「社會需求」的前提下才能實現人的「自我價值」。那種一味強調「自我」而不顧「社會」的人，因為與社會的格格不入而最終會碰得頭破血流。這種人最終是實現不了他的「自我價值」的。那麼，「社會」對「我」有什麼要求？「我」應當怎麼做才能被「社會」所接納？這同樣可以理解為人必須善於「傾聽」。

最近幾年，中國大陸的紙張大幅度漲價，致使書籍的價格也跟著猛漲。這給書籍的銷售帶來了很大的困難。怎樣才能打開圖書的銷路，擴大銷售量？各出版社無不為此絞盡腦汁。一九八三年底，上海辭書出版社出版了一部《唐詩鑑賞詞典》。雖然該書定價頗高，但銷路卻十分好。從定期的讀者「反饋」中得知，不僅研究中國古典文學的讀者需要這部書，而且由於該書的編纂雅俗共賞，老少咸宜，在一般的讀者群中也有相當的市場。結果該書一版再版，發行量高達一百五十萬册。各出版社見上海辭書出版社旗開得勝，紛紛效仿推出《××鑑賞詞典》，銷路竟然也不錯。結果出版界人士將一九八三年戲稱為「鑑賞詞典年」。這都是得益於最初的「讀者反饋」也就是得益於「傾聽」。

九〇年代初，上海掀起了一股「禮品書熱」，逢年過節時，人們愛將一些他們認為有價值的書作為禮品送人。通過這一訊息反饋，上海譯文出版社另闢蹊徑，適時推出了外國名著套裝的精裝本。消費者看重的是這一套書的貨真價實的內涵，同時作為禮品送人也很體面。因此雖然價格不菲，但賣得不錯。

最近兩三年來，浙江打入上海的各品牌服裝銷量一直是穩中有升，這得益於公司老總們親自到各服裝經銷點去「站櫃台」獲取的訊息。因為櫃台是銷售的第一線，可以和顧客進行「零距離」的接觸。在接待顧客的過程中仔細聽取他們對企業產品的意見，能夠對市場的行情動態有一個直接的、感性的體悟。在了解了大量有用的市場訊息後，企業的決策自然也就更加貼近市場，更加符合消費者的需求。

在現代商品經濟社會，倘若沒有「消費者」也就是「他人」的「反饋」作指導，這就好比大海上的輪船失去了指示航向的信號，迷失了前進的方向，隨風飄蕩，就會有傾覆的危險！以此，「傾聽」之於企業和個人，其重要性顯而易見。

奉承有道

「兩大現代化建築中的全部座椅，相當於九萬美元的訂單！這可是一筆不小的買賣。一定要設法將這筆生意弄到手！」兩天以前，著名實業家伊斯曼準備在羅徹斯特建造一所音樂學院和一座現代化大劇場的訊息傳到紐約一家家具公司董事長阿特牟遜的耳中時，阿特牟遜不由得這樣暗自思忖。於是，他隨即向一位建築商朋友——同時也是伊斯曼的朋友——撥了一個電話，希望他能夠陪自己一同去見伊斯曼，說服伊斯曼將製作這兩大建築業務中製作座椅的全部業務包給自己的公司。「我樂於為您效勞！」那位建築商朋友爽快地答應了阿特牟遜的請求。「不過我可要提醒您，伊斯曼可不是一個容易對付的人。在您和他會晤時，您的談話最好不要超過五分鐘。『言簡意賅』，請您千萬別忘了這四個字！」建築商朋友在掛上電話時沒忘了這樣囑咐阿特牟遜。

兩天後，阿特牟遜在朋友的陪同下來到了伊斯曼的辦公室。伊斯曼正在處理公務。過了好一會兒，他才抬起頭來問道：「早安！兩位先生！不知到此有何貴幹？」建築商介紹了阿特牟遜。阿特牟遜閉口不談包攬座椅業務的事。他用驚異的眼神打量著伊斯曼辦公室的陳列與裝飾，用行家的口吻對伊斯曼說：「久仰先生的大名！看到您的裝飾新穎別緻、格調高雅脱俗的辦公室，我才明白了貴公司何以能夠成為投資界巨頭的原因。我從事室內裝潢業務多年，還從來没有見到過像閣下這樣考究、氣派的辦公室。不說別的，單單這護牆板就與眾不同。這是用英國樺木製作的吧！英國樺木的紋路就是要比義大利的好！華麗，氣派，有貴族氣！」阿特牟遜一邊撫摸著護牆板，一邊對伊斯曼讚不絕口。

「還不錯吧！」顯然，伊斯曼是一位戀舊的人。阿特牟遜的一番話，不禁勾起了他對往事的回憶：「當初，這個辦公室剛落成時我也曾孤芳自賞了好一陣。後來因為忙於業務，獨自品味的興趣就逐漸淡漠了。今天要不是您的提醒，我也不會對我的辦公室引起特殊的注意。說起護牆板，當初還是託一位木材商特意到美國去選購的呢！可是費了不少周折。」伊斯曼不無得意地對阿特牟遜說。就這樣，兩人從辦公室的裝潢談到創業的艱辛，伊斯曼甚至談到了他少年時代和母親相依為命的辛酸往事和他自強不息、艱苦奮鬥的經歷，兩人的談興越來越濃，不知不覺兩個小時過去了，伊斯曼依然餘興未盡。他邀請阿特牟遜共進午餐。在午餐上，當阿特牟遜誠懇地提出願以最好的質量和價格承接兩大建築的全部室內座椅這一業務時，伊斯曼毫不猶豫地答應了他的要求，一筆大生意就這樣做成了。

或許有人會問，難道像伊斯曼這樣的商場大人物，也喜歡別人奉承不成嗎？其實，這並不奇怪。且看人們對神靈虔誠的頂禮膜拜吧！那不正是人們希望得到讚美，得到尊敬的心理狀態的典型折射嗎？人的「尊嚴」，不僅僅存在於人的「自我肯定」中，它尤其需要在「他人」的肯定中得到實現。當然，露骨肉麻的阿諛吹捧，那是「諂諛」，而「諂諛」的本質是虛偽，它並非發自內心。因而「諂諛」是人們厭惡的、排斥的（那些喜歡阿諛拍馬，厚顏無恥的小人另當別論）。而發自內心的得體的稱頌和讚美，真誠的誇獎，卻總會撥動對方的心弦。

《孟子．梁惠王上》記載了這樣一個故事：孟子為了推銷他的「施仁政」的主張，去見齊宣王。孟子並非一開口就大肆宣揚什麼「施仁政」，而是對齊宣王所作的一件事大加讚賞。原來，有一次，齊宣王正坐在大殿上，一個人牽著一頭牛從殿下走過。齊宣王問：「牽著牛往哪裏去呀？」那人答道：「牽牛宰了釁鐘。」齊宣王說：「放了牠吧！你看牠那戰慄害怕的樣子，叫人怪可憐的，像是無罪而被處死。」那人說：「那就不釁鐘了嗎？」齊宣王答道：「鐘怎麼能不釁呢？用一頭羊來代替吧！」

這件事也是孟子聽說的。於是他便問齊宣王：「可有這樣一件事嗎？」齊宣王說：「不錯，確有其事。」「就憑大王您這種仁慈之心就能夠王天下了。百姓們都說用羊換牛是您的愛心，而我則認為這是您的不忍之心。」孟子對齊宣王大加讚賞。齊宣王道：「是啊！齊國雖然小國寡民，我何至於連一頭牛也捨不得呢？確實是見那牛戰慄不已，於心不忍，似乎無罪而將其置之於死地，這才以羊換牛的。」孟子接過口去又稱讚道：「您的這種不忍之心就是仁愛呀！以羊換牛，是因為您親眼看到了那牛戰慄驚恐的樣子，而没有當面看見羊的那副可憐相。所以，君子對於禽獸，只願意見到它們活著，不願意看到它們的死；當聽到它們的哀鳴之聲時，便不忍吃它們的肉。所謂『君子遠庖廚』，說的就是這個意思啊！」齊宣王聽了孟子的一番讚揚，心裏十分高興。這時，孟子巧妙而得體地對齊宣王說：「假使有一個人對您說：『我能夠舉起三千斤的重物，卻拿不動一根羽毛；我能夠看清秋天鳥毛的末梢，卻看不清一車柴草。』這話您相信嗎？」齊宣王道：「不相信。」孟子道：「是啊！如今您的好心能夠使動物沾光受惠，卻不能讓百姓得到好處，這是為什麼呢？看來，要說拿不動一根羽毛，只是不肯用力的緣故；要說看不清一車柴草，只是不肯用眼的緣故。老百姓之所以不能安居樂業，只是因為您不肯施仁政罷了。所以，您不能以施仁政來統領天下，不是您做不到，而您不肯那樣去做罷了。」「如果您施仁政，就會使天下的士大夫都願意到齊國來作官，就會使所有的莊稼漢都願意到齊國來種地，買賣人都願意到齊國來做生意，旅客們都願意取道齊國，那些痛恨自己的國君的人都願意到您這兒來控訴，您要是果真做到了這一步，又有誰能夠阻擋得了您王天下呢？」

人們都說孟子是一位辯論大師，其實孟子更是一位體察入微，善解人意的心理學家。他看到齊國百姓在齊宣王的統治下民不聊生，哀鴻遍野，心中的氣憤不言而喻。但是孟子很清楚，齊宣王是齊國當政者，要想改善齊國百姓的生活，還得倚靠齊宣王。那麼，一跑上來就指責齊宣王的苛政，說服他「施仁政」，只能使交談的雙方「頂」起「牛」來。何不「欲擒故縱」，先對齊宣王那一點點值得肯定的地方讚揚一番呢？由此及彼，孟子由對齊宣王不忍於牛的讚揚自然而然地過渡到對待百姓的話題上，因為有了前面的讚揚作「鋪墊」，再來規勸齊宣王造福百姓施仁政，齊宣王不僅沒有反感，而是心悅誠服地說：「吾昏，不能進於是矣，願夫子輔吾志，明以教我，我雖不敏，請嘗試之！」孟子諫齊宣王，「推銷」施仁政之所以成功，全在於孟子的「奉承有道」。這與阿特牟遜之對待伊斯曼可謂靈犀相通，如出一轍。現代營銷人在面對你們的「上帝」顧客時，何不也學一學阿特牟遜和孟子？用不卑不亢、恰如其分的奉承對待顧客，這不是十分聰明而簡捷的辦法嗎？

現身說法

某化工企業的一位營銷人員，帶著他們的新產品——尼龍拖纜去當地的一家運輸公司推銷產品。但由於這家運輸公司一直使用鋼繩拖纜，習以為常，所以，儘管這位營銷員費盡口舌，將尼龍拖纜價格低，不生鏽，拉力強，易保存的優點說了個透，這家運輸公司卻仍然不為所動，不肯訂購。一天，當營銷員再次去推銷尼龍拖纜時，恰巧碰上這家運輸公司的一輛卡車陷在泥沼中拔不出來。這位營銷員適時送上尼龍拖纜，幫助卡車司機擺脱了困境。卡車司機目睹了尼龍拖纜柔韌性好、拉力強的長處，又為營銷員的熱情所感動，於是親自帶著營銷員去見業務主管，說服他選購尼龍拖纜，終於使得這家化工企業的新產品打開了銷路。

台灣的一家螺絲廠，生產技術和設備均屬一流，產品質量也遠遠優於市場上的同類產品。但由於生產成本較高，產品的售價要高於其他同類產品三成左右，這為銷售帶來了一定的困難。這家廠的營銷員每到一家用户那裏推銷產品時，總是想方設法要求用户將他們常用的螺絲和該廠生產的螺絲同放在一盆鹽水中浸泡，然後再將螺絲取出晾置在一邊，並與客户約定下週來看結果。過了一週，營銷員再度登門，與客户共同檢驗上週晾置的螺絲，只見其他經鹽水浸泡的螺絲已是鏽跡斑斑，而他們生產的螺絲卻鏽跡很少。這時，營銷員主動向客户說明他們產品的優越性以及他們的產品為何價格高於市場上同類產品的原因。營銷員又向用户算了一筆帳：該廠生產的螺絲由於質量高，使用壽命長，它的低折舊率所節省下的開支要遠大於購買便宜的同類產品所少付的錢。特別是該廠生產的螺絲使用安全，這個優點其他同類產品無法比擬。經過實際試驗和營銷員的詳細介紹，幾乎所有的客户都心悅誠服，自願改用了該廠的螺絲。

「我可以用一下您的打字機嗎？」某複印紙公司的營銷員彼得每到一家新用户那裏，總會彬彬有禮地向主人提出這樣的要求。在得到主人的允許後，彼得便用自己帶來的複印紙夾到打字機上，然後在複印紙上打下這樣一句話：「您用普遍的複印紙能將字母打得這樣清晰嗎？」打完以後，彼得將它拿給主人，又請主人將原先使用的複印紙打一張字作一番比較。像複印紙這樣一類小商品用哪家的產品其實並不重要，關鍵是彼得幽默風趣的舉止每每能夠獲得主人的欣賞，所以彼得屢試不爽，銷售業績一直不錯。

印度的機床質量其實並不差，價格也比國外的同類產品低百分之三十到百分之四十。但由於西方國家對印度產品抱有偏見，再加上生產廠商不善於宣傳，印度機床的出口量一直上不去。八〇年代後，為了打開國際市場，印度機床生產廠商向那些信譽良好的經銷商和歐美國家的用户發出邀請，請他們前來參觀，「眼見為實」，同時，在歐美一些大城市建立了產品展廳。經銷商和用户親眼目睹了印度機床的質量，再比照它的價格，真所謂價廉物美了。營銷的方法一變，產品的銷路立即打開了。現在，印度已經成為世界上最大的機床生產國之一。

營銷人為了說服已經養成習慣的客户改變他們的習慣，採用自己的產品時「現身說法」往往是一個行之有效的方法。它的優點在於，耳聽為虛，眼見為實，事實勝於雄辯。通過消費者的親眼觀察和親身感受，能夠增強對商品的連帶信任，從而達到推銷的目的。

《莊子·養生篇》中「庖丁解牛」的故事，是大家所熟悉的。庖丁為文惠君宰牛，文惠君原來並不了解庖丁宰牛的水平，庖丁也不急著向文惠君自誇，而是採用實際操作的方法，來「做」給文惠君看。只見他「手之所觸，肩之所倚，足之所履，膝之所踦，砉然（皮骨脱落聲）向（響）然，奏刀騞（刀裂物之聲）然，莫不中音，合於《桑林》之舞，乃中《經首》之會。」意思是說看庖丁宰牛時手、肩、足、膝的動作，就像《桑林》舞曲（《桑林》為商湯時的舞曲名）那麼優美；聽他宰牛時牛骨脱落的聲音，就像《經首》池樂（《經首》為堯時的樂章）那樣動人。文惠君看了庖丁解牛的全部過程，不禁為他的高超技藝喝采，心悦誠服地說：「啊呀！真是太妙了！您的解牛技術怎能那樣熟練？」這時，庖丁說道：「我剛開始宰牛時，所看見的就是一頭實實在在的牛。三年之後，我已經熟知牛身體的各個部位。那時在我眼中的牛已不是一頭實在的全牛了。現在，我已宰了十九年的牛，宰過的牛少說也有幾千頭了。而我的牛刀還是那麼鋒利，就好像剛開始宰牛時一樣。牛的骨節間總會有一點縫隙的。我用極薄的刀刃插進去，縫隙雖小，卻依然『游刃有餘』，是以十九年來刀刃仍然像剛剛磨過的那樣鋒利。」文惠君親眼看到了庖丁解牛，又聽了他的介紹，自然相信庖丁是一位解牛的高手了。

文惠君請庖丁解牛，我相信，為文惠君宰牛的，庖丁肯定不是第一個；但文惠君肯定是第一次看庖丁解牛。文惠君以後肯定還要請人宰牛，那他會不會還請庖丁呢？莊子沒有說明。但我們看文惠君對庖丁解牛的讚不絕口，可以料想下一次他仍然會請庖丁為他宰牛而不會另找別人。文惠君原先並不是庖丁的「客户」，而他終於成為了庖丁的「客户」甚至成為了庖丁的「主顧」，庖丁的「現身說法」起到了很大的作用。那麼，庖丁的「現身說法」與現代營銷之間有沒有某些相通之處呢？這一點值得營銷人深思。

攻心為上

美國心理學家亞佛斯德在他的名著《支配人類行為的力量》一書中寫道：「人類的行為都由心理欲求產生。無論在商場、家庭、學校甚至政治圈內，都要記住下面的這個要訣：要想說服或感動別人，須先要激發起對方的欲望。如此方可獲得眾人的支持。否則，你會連一個支持者也找不到。」

激發對方的欲望，這可以稱之為「攻心」。孫子說：「上兵伐謀。」最漂亮的戰爭是倚靠謀略打贏的。「善用兵者，屈人之兵而非戰也，拔人之城而非攻也」。未戰而屈人之兵，未攻而拔人之城，正是「攻心為上」的形象寫照。「攻心為上」不僅是中國古代軍事理論中的一個重要策略，它也是現代營銷中的一個關鍵。營銷人面對的是由一個個活生生的人組成的市場。顧客的消費欲望因人而異，各各不同。其間複雜多變的心理動機是現代營銷必須加以探求和摸索的。

「鷸蚌相爭，漁翁得利」的故事，說的是戰國時代的事：趙惠王要討伐燕國，謀臣蘇代認為不可，前去勸阻。他對趙惠王說，他來的時候路過易水，正看見「鷸蚌相爭」，互不相讓。「蚌方出曝，而鷸啄其肉，蚌合而鉗其喙。鷸曰：『今日不雨，明日不雨，即有死蚌。』蚌亦謂鷸曰：『今日不出，明日不出，即有死鷸。』」兩者不肯相捨，漁者得而并擒之。」蘇代對趙惠王講這個故事是要說明：趙國如果伐燕，就像鷸蚌相爭一樣，這正給了虎視眈眈的秦國坐收「漁翁之利」的機會。趙惠王認為蘇代言之有理，於是取消了伐燕的計劃。

蘇代的勸阻為什麼能夠成功？這可以用現代心理學上的「需要層次說」來闡明。「需要層次說」是現代心理學家馬斯洛創立的。馬斯洛將人的需要劃分為七個層次。它們是：⑴生理的需要；⑵安全的需要；⑶歸屬與愛的需要；⑷自重的需要；⑸自我實現的需要；⑹求知和理解的需要；⑺美的需要。馬斯洛認為，人的這七個層次的需要依次銜接，後一個層次的需要高於前一個層次。人只有在滿足了較低層次的需要以後，才能顧及到高一層次的需要。馬斯洛將此視為人的一種「本能」的表現。例如，一個餓著肚子，連性命都沒有保障的人，在「生理」和「安全」這兩個層次的需要沒有得到滿足之前，是不會產生知識、理解、美等等方面的欲求的。而當人的較低層次的需要得到了滿足之後，就會產生對較高層次需求的欲望。但人也有產生「錯覺」的時候。即人們往往會在「保障」面前產生迷惘：或者自以為較低層次的需要已經有了保障，但實際上並無保障，便已向高一層次需求邁進；或者自以為較低層次的需要還沒有保障，而實際上已經有了保障，卻仍然不敢企求較高層次的需要。馬斯洛認為，這兩種「保障迷惘」都可能產生不良後果。

如果用「需要層次說」來衡量趙王伐燕的動機，首先，可以肯定地說，趙王絕非缺衣少用，無法生存，因「生理的需要」而產生伐燕的念頭。實際上，早在四年以前，當張儀前往趙國，勸說趙、秦「連橫」，來共同對付齊、楚為首領的「合縱」時，趙王就曾同意與秦國「連橫」。四年之後，趙王提出伐燕的主張，有理由認為他這是為了兌現四年以前作出的同意「連橫」的承諾。眾所周知，戰國時的爭霸，主要就是「合縱」與「連橫」之爭。無論是「合縱」還是「連橫」，其目的都是為了贏得諸侯國的承認與尊重，並進而爭得霸主的地位。所以，趙王伐燕的動機，是為了在諸侯爭霸中「顯山露水」，讓其他諸侯國不要小覷了趙國。趙王的伐燕，甚至出於爭當「霸主」的動機都是有可能的。這種動機，可以歸入人的「自重的需要」。即希望通過伐燕，得到國際社會的認可與尊重。但趙王實在是高估了自己的實力。在戰國諸侯中，趙國只是一個小國。它的實力，實不足以望秦、齊、楚等大國之項背，又怎能輪得到它來做霸主？它能夠自保已經不錯。對於各國之間的你爭我奪、爾虞我詐，趙國原本沒有去湊熱鬧的必要。趙王為了露頭角、顯威風，不顧自己的實力而伐燕，結果是趙、燕相爭，兩敗俱傷，秦國得利。到那時，國家都岌岌可危，哪裏還談得上什麼「頭角」與威風，更遑論當什麼霸主了！換言之，趙王的盲目，正是患了「保障迷惘症」。他在較低層次的「安全的需要」都還沒有得到保障的情況下就去追求較高層次的需要。蘇代雖然並不懂得「需要層次說」，但他對趙王伐燕所可能產生的後果看得很清楚。他以安全為由勸諫趙王，實際上啟發了趙王「安全需要」的「本能」，使得他從「保障迷惘」中醒悟過來，從而打消了他過高層次的欲求。

「鷸蚌相爭，漁翁得利」的故事，是一個運用「攻心為上」策略的典範。《荀子・解蔽》：「人心譬如盤水，正錯而勿動，則湛濁在下，而清明在上，則足以見鬚眉而察理矣。」這是說，人心如同大盤裏的水一樣，端正地被放置而不去攪動，渾濁的東西就沈澱在下面，而清澈透明的水在上面，就足以用來照見鬚眉並可以看清皮膚的紋理。這說明，荀子也認識到了人心「層次」的不同。根據人心的不同，採用攻心為上的策略，這是現代營銷學需要著力探討的一個大問題。

根據「需要層次說」的理論，現代商品分類學已將所有的商品分成了五類。這五類商品是：

1. **功能類商品**。這類商品用來滿足人們維持生命的需要，如糧、油、鹽、飲用水等等。此外，為獲得勞動資料而購買的工具，也可歸入此類。

2. **渴望類商品**。這類商品主要是用來滿足人們對安全、防衛、保身的需要。如武器、藥品、勞動保護用品以及牙刷、牙膏等。

3. **威望類商品**。這類商品主要是為了滿足人們的優越感、自豪感、成就感、誇耀感以及自我表現的需求。珠寶、古董、高級住宅等屬於此類。

4. **地位類商品**。這類商品是為了滿足人們對其所屬社會階層、所處社會地位歸屬的需要。如高級轎車、照相機、攝影機、工藝美術品等，均屬此類商品。

5. **娛樂類商品**。這類商品主要是用來滿足人們求知、審美、精神享受、好奇心等等方面的需要。電視機、鋼琴、音響設備、書籍、美術品等可歸入此類商品。

需要說明的是，上述商品的分類，其界限並不是一成不變的。不同類別的商品之間可能會發生交叉、重疊等情況。如珠寶、古董等既可以用來滿足人們優越感的需要，又可以用來滿足人們審美的需要。上述商品的分類只是為營銷人員在確定需要劃分商品歸屬時，提供一個大體的依據，從而使得營銷人能夠有的放矢地針對不同消費對象的不同心理需求，採取不同的「攻心」策略。

以此我們來看蘇代，他顯然符合一位「營銷人」應當具備的基本素質——因為蘇代懂得「攻心」。我們常説，現代營銷戰爭主要不是在「地理」的空間內展開，而是在「人心」的空間內進行。爭奪人心，這是現代營銷戰爭的核心，而爭奪人心的關鍵就在於了解顧客的需求。顧客的需求，有時是需要「調動」的。因為顧客往往並不真正了解他們的需要，對自己的需求他們往往會陷入「保障迷惘」的盲目之中。因此，營銷人怎樣激發、調動、強化客户的需求就顯得格外重要。從蘇代來看，我們如果將他向趙惠王進諫不可伐燕視為蘇代的「商品」，那麼，蘇代完全是從趙國所處的實際地位出發的。「不可伐燕」這一「商品」，大體上可以歸入「功能類」或「渴望類」中。蘇代不僅了解他的「商品」的歸屬，而且了解這一商品對趙惠王——蘇代的「客户」的至關重要價值。當趙惠王還没有認識到「不可伐燕」這一「商品」的重要性時，蘇代採用了「攻心為上」的策略。他幫助趙惠王克服了「保障的迷惘」，讓他明瞭他現在最需要的是什麼，不需要或者説不可以需要的又是什麼。當蘇代點燃起了趙惠王潛在的「消費欲望」時，蘇代的成功已是一種必然。這就是「鷸蚌相爭，漁翁得利」的古老故事留給人們的現代啟示。

反客為主

有這樣兩位營銷員，他們都在向顧客推銷果醬。一位營銷員說：「先生，本廠生產的果醬選材精良，加工精細，口感好，價格適中，歡迎您選購。」另一位營銷員說：「尊敬的太太，打算買一些什麼樣的果醬做甜食呀？您不妨試一試我們的產品，它或許會使您滿意。您是我們的老主顧了，對我們的果醬質量您是了解的。」結果，那位太太買了果醬，而那位先生卻沒有購買。

同樣是推銷果醬，一位營銷員成功了，另一位卻失敗了，其中的原因，或許是那位太太感到她受到了營銷員的關切與尊重，而那位先生卻沒有這種感受。

在營銷工作中，有以企業即以賣方為主體的，也有以顧客即以買方為主體的。在現代營銷的實踐中，人們已越來越認識到後一種營銷立場的正確性而摒棄了前一種立場。以賣方為主，營銷人在有意無意之間，在不知不覺之中很容易與顧客產生一層隔膜，它會使消費者有一種異體感、強加感和疏離感；反之，站在買方的立場以買方為主，這個基本立場一變，營銷手段也就跟著產生變化：這時，營銷人的工作用語，他的態度會時時處處表現出為顧客著想，為顧客打算，為顧客排憂解難的特點。這樣做可以拉近買賣雙方的距離，我們稱之為「親和力」。它是營銷工作得以成功的重要因素。這種變客體為主體，變主體為客體，將顧客置於中心地位，而將自己置於「附屬」、「服從」的地位，我們稱之為「反客為主」。

我們知道，蘇秦是戰國時「合縱說」的代表人物。所謂「合縱」，就是指北起燕國，南至楚國的山東六國，結成一個南北縱向的統一戰線來共同對付秦國的策略。當蘇秦說服了山東六國，結成了合縱抗秦的統一戰線後，蘇秦本人「伏軾撙銜，橫歷天下，廷說諸侯之主，杜左右之口，天下莫之能抗」，取得了事業上的巨大成功。然而，蘇秦涉足於政治，卻並不是從「合縱」，而是從「連橫」開始的。所謂「連橫」，是指秦國與山東六國中的任何一國或數國，結成東西橫向的聯盟，以對付其他山東諸侯國。蘇秦最初到秦國去說服秦王「連橫」時曾經遭到了失敗。在這之後，他才放棄了「連橫」主張而轉向「合縱」。

據《戰國策・秦策一》記載，蘇秦見到了秦惠王時對他說：「秦，西有巴蜀、漢中之利；北有胡貉代馬之用；南有巫山、黔中之限；東有肴、函之固。田肥美，民殷富，戰車萬乘，奮擊百萬，沃野千里，蓄積饒多」，蘇秦認為秦國完全具備連橫抗縱，「以併諸侯，吞天下，稱帝而治」的條件。

平心而論，蘇秦對秦國地理條件和綜合國力的分析是深刻而中肯的。他的秦國連橫抗縱以王天下的建議一點也不錯。然而，秦王卻沒有採納蘇秦的建議，反倒將他奚落了一通，甚至對他說：「今先生儼然不遠千里而庭教之，願以異日。」意思是說，您老先生那麼大老遠地跑到我這裏來囉嗦什麼呢？對蘇秦下了逐客令。為什麼明擺著的道理秦王不採納？這裏的問題出在蘇秦進說的立場和方法上，這導致了蘇秦「營銷」的失敗。

蘇秦原本並非正人君子，而是一個「朝秦暮楚」的小人。這一點，各諸侯國無不知曉。但在詭譎雲波，爾虞我詐，充滿了玄機、陰謀和鬥爭的戰國時代，像蘇秦那樣鼓動如簧之舌，口若懸河，滔滔不絕游說諸侯的大有人在。人們司空見慣，見怪不怪，也就是說，像蘇秦這樣的人，在當時還是大有用武之地的。關鍵是你的「立場方法」得當還是不得當。當蘇秦前往秦國時，秦王對他心存戒備，沒有立即採納他的建議，這很正常。就像消費者購買商品，你要給他一個思考、選擇的時間一樣。但蘇秦對此很不耐煩，他在和盤托出了他的主張後，緊接著的一句話就是「臣固疑大王之不能用也」，意思是說，像我這樣高明的建議，怕不是秦王你這樣的人所能夠領會的。他又對秦王大談堯、舜、禹、湯、文、武這樣一些「聖人」的前言往事，吹噓自己的主張都是來自於上述聖人的教誨。言下之意，你秦王若是不按我的主張去做，這就是違背聖人之教。這分明是用聖人來壓秦王了。最後，蘇秦甚至對秦王說：「今之嗣主，忽於至道，皆惛於教，亂於治，迷於言，惑於語，沈於辯，溺於辭，以此論之，王固不能行也！」這簡直是指著鼻子罵秦王昏庸淺視，不識抬舉，「豎子不可教也」了。蘇秦自吹自擂，盛氣凌人，老子天下第一，根本不把秦王放在眼中，更不用說以秦王這位「客戶」為中心了。他那種頤指氣使，居高臨下的救世主面孔，那種諷刺、挖苦，強迫秦王接受他的建議，「選購」他的商品的「強銷」作風，即使他的東西、他的「貨」再好，就連常人也「消受」不起，更何況秦王這樣的「大主顧」呢！所以，儘管蘇秦的分析頭頭是道，一點都沒有錯，但由於他的立場、方法有問題，秦王不僅沒有接受他的建議，反而將他奚落了一番，最後將他趕走了事。

與蘇秦齊名的張儀是戰國時期「連橫說」的代表人物。他說服秦王連橫抗縱最後取得了成功。張儀與蘇秦不同，從一開始他就是堅持連橫主張的。在蘇秦說秦王失敗以後，張儀來到了秦國游說秦王。按理說，蘇秦說秦王的失敗，已大大增加了張儀說服工作的難度。而且，張儀勸說秦王連橫的道理，也不比蘇秦高明多少。他無非是說：「秦國地形，斷長續短，方數千里，名師數百萬。秦之號令賞罰，地形利害，天下莫若也。以此與天下，天下不足兼而有也。」因而他認為，秦國只要聯合山東六國之一國或數國，抵抗其他諸侯國，必能主霸天下。秦王聽了張儀的勸說以後，給了他完全不同於蘇秦的待遇：秦王不僅接受了他的建議，而且拜張儀「為客卿，伐謀諸侯」。

一樣的連橫抗縱、稱霸天下之理，張儀的進說，難度又要大大超過蘇秦，可為什麼一家成功，一家失敗，秦王對二人的態度又何以厚此薄彼，差距懸若天壤？原因恐怕還在於：與蘇秦相比，張儀進說的立場和方法，更容易為秦王所接受。

首先，張儀的態度是誠懇的。他一開口就對秦王說：「臣聞之：弗知而言為不智，知而不言為不忠。為人臣、不忠當死；言不審，亦當死。雖然，臣願悉言所聞，大王裁其罪。」這就好比是說：「大王您不妨試一試我的建議。如果用我的建議出了問題，我願意聽憑大王處置。」這就將自己放在了一個服從、服務於主人的「僕從」的地位，而把秦王這位「主顧」放到了一個主人的位置上。——張儀表現出了一種完全為主顧著想的進說立場，這就使得秦王和張儀之間的距離一下子拉近了。接著，在論述秦國怎樣才能連橫抗縱、稱霸天下時，張儀詳細地為秦王分析了秦國所面臨的國內、國際形勢，並誠懇地指出了秦國過去在處理國內、國際問題上的某些失誤之處。對於張儀善意的批評，秦王不僅沒有反感和排斥，而且因為批評的中肯，他完全接受了。張儀的進說，並沒有停留在空論上。他為秦王出了不少主意，認為秦國當以拔趙亡韓為先，然後再臣服荊、魏。與此同時，親和齊、燕，瓦解齊、楚聯盟，奪取楚國的漢中之地。這樣，合縱之勢就可以逐步削弱，而王霸天下的大業則能夠逐步實現。最後，張儀向秦王立下誓言：「大王試聽其說，一舉而天下之縱不破，趙不舉韓國不亡，荊、魏不臣，齊、燕不親，伯（霸）王之名不成，四鄰諸侯不朝，大王斬臣以徇（殉）於國為王謀不忠者！」

以蘇秦和張儀勸說秦王的立場和方法兩相對照，一個以主人自居，態度傲慢，出言不遜，強人所難，硬性「營銷」；一個以僕從自居，態度誠懇，言語謙和，替人著想，「柔性營銷」。簡言之，蘇秦的「營銷」以「賣方」為主體，張儀的「營銷」則「反客為主」，這就是兩家一失敗，一成功的原因所在。

倡言篇

誇而不失其真

「誇張」這個辭在詞典裏有兩種解釋。一是指一種修辭格，即運用豐富的想像，擴大事物的特徵，把話說得張皇鋪飾，以增強表達效果。二是指文藝創作中的一種表現手法，即「以現實生活為基礎，並往往借助於想像，抓住描寫對象的某些特點，加以誇大和強調，突出事物的本質特徵，加強藝術效果。」從「誇張」的上述兩種含義中，我們可以看出：

第一，誇張離不開想像。沒有豐富的想像，也就難有誇張。李白詩句：「飛流直下三千尺，疑是銀河落九天。」瀑布的「三千尺」是誇張，那飛流直下的瀑布，它是「銀河」，它的源頭在「九天」，這就蘊含了豐富的想像。

第二，誇張要抓住被誇張對象的特點，加以擴大。魯迅說：「『誇張』這兩個字也許有些語病，那麼，說是『廓大』也可以的。廓大一個事件或人物的特點，使漫畫容易顯出效果來。……」魯迅這裏說的是漫畫。漫畫的誇張就是畫家先把握住誇大對象的特點，然後用「放大鏡」把它放大、凸現，以造成強烈的藝術效果。

在文學作品中「誇張」的運用也和藝術相通。《莊子・徐無鬼》記載了一個「運斤成風」的故事：有一個郢都人鼻尖上沾了一層薄如蠅翼的粉漬。他讓一位郢匠把粉漬斫去，只見那「匠石運斤成風，聽而斫之，盡堊而鼻不傷，郢人立不失容。」郢匠揮動手中的斧子，像刮風似地呼呼作響，把郢人鼻尖上的那一層薄粉斫去了，卻未傷著他的鼻子。那位郢人則鎮定自若地站在那裏，聽憑郢匠揮動斧子去斫。這裏，莊子顯然抓住了郢匠運用斧子純熟而有絕對把握的特點，加以誇大。這樣，便將一位斧技高超的郢匠，以及一位沉著冷靜、毫無懼色的郢人的形象，極為鮮明地表現了出來。

《列子・湯問篇》中塑造了一位歌唱家韓娥的形象：一個名叫韓娥的姑娘到東方的齊國去，不幸斷了糧。她經過齊國京城的西門時，賣唱乞食。韓娥「既去，而餘音繞樑欐，三日不絕，左右以其人弗去」。她路過旅店，店裏有人調戲她。韓娥受辱，放聲哀歌，方圓一里之內的老人、孩子聽到她的哭聲，都悲哀得淚眼相向，三天吃不下飯。韓娥離去，鄉人又把她追了回來。韓娥再為鄉親們唱歌。方圓一里之內的老人、孩子聽了她的歌聲，都情不自禁地鼓掌喝采，往日的悲哀愁苦忘記得一乾二淨。

歌聲能夠繞樑三日不絕，哀歌竟然能使方圓一里之內的老人、孩子聞而傷心落淚，三日不食，列子抓住了韓娥歌聲動人這一特點加以誇大，從而把一位技藝高超的歌唱家的美妙歌喉烘托得淋漓盡致。

第三，誇張既然需要想像並「廓大」誇張對象的特徵，因而，誇張總會帶有虛構的成份，但誇張總需以現實生活為基礎，誇張的生命絕不是虛假，而是真實。離開了真實生活的誇張，這就成了虛妄。魯迅說得好：「『燕山雪花大如席』（按，這是李白的詩句。）是誇張。但燕山究竟有雪花，就含著一點誠實在裡面，使我們知道燕山原來有這麼冷。如果說『廣州雪花大如席』，那可就變成笑話了。」

誇張不能脫離真實，這一點尤其重要。有的誇張，乍一看不符合實際。但只要它具有生活的基礎，讀者或聽眾就會像孟子所說的那樣「以意逆之，是為得之」，他們不會拘泥於文字的表面而斥之為虛假的。相反，他們會細心體味作者的真實感受，將作者的感受與自己的生活經驗聯繫起來，根據作者的感受和自己的經驗，還誇張對象以它的本來面目。例如，前文所說「運斤成風」故事中的郢匠，將沾在郢人鼻尖上那薄如蠅翼的粉漬斫去而不傷其鼻，如果拘泥於文字表面，人們不會相信這是真的。但在實際生活中，我們的確能夠看到技藝非凡的匠人，這就是「運斤成風」故事的真實生活基礎。人們能夠據此而「以意逆之」，體會出作者的旨意是在渲染、突出那位匠人的「技藝高超」，並不會尋根究底地去問：那位匠人真能夠斫去郢人鼻尖上的粉漬而不傷著他的鼻子嗎？韓娥一展歌喉，餘音繞樑，三日不絕。歌聲怎能繞在樑上三日不絕呢？顯然，這裡面含虛構的成份。但我們在現實生活中常常會有這樣的體會：在聽了某一歌唱家的演唱之後，歌唱家的美妙歌聲能在我們的耳畔經久迴盪，裊裊不絕。這就是韓娥的歌聲餘音繞樑，三日不絕的生活基礎。因此，人們在讀了這個故事以後，也能夠「以意逆志」，原情逆意，知道作者這是在「誇張」而非「造假」，是不會指責作者虛妄的。

在現代的商品廣告中，「誇張」也是常用的手法。其原理和文學作品中誇張手法的運用基本相同。

首先，商品廣告的誇張也離不開想像。大眾汽車公司在美國五千家電影院大作廣告。在每一部影片正式放映以前，都有大眾汽車公司提供的一部六十秒鐘的廣告宣傳片。片子的內容是說，一位女郎丟開了她的男友，把生活中的許多重要事情如旅遊、運動、戀愛、結婚等都拋在腦後，獨獨將一把一九九〇GTI型號小汽車的鑰匙緊緊地握在手中。這則廣告也是運用了想像的技巧。英國航空公司製造的一支電視廣告片是一九八三年最受歡迎的廣告之一。這則廣告運用複雜的特技手段，表現了將整個紐約市空運到倫敦機場的情景。這裡，廣告製作人也是大膽地運用了想像的手法。

其次，商品廣告的誇張，也需要抓準宣傳對象的特點，加以「廓大」，努力使宣傳對象顯得更加生動、更加豐滿，更加引人入勝。大眾汽車公司的廣告，抓住了人們對旅遊、戀愛、結婚等重大事件的關注度，對於在現實生活中「偶爾」發生的「大事遺忘」加以擴大，故意將戀愛、結婚這些大事丟在一邊，而讓一位漂亮的女郎手中拿一把大眾公司生產的轎車的鑰匙，從而造成強烈的「反差」，引導消費者產生「用了大眾公司的汽車，將會愛不釋手」的聯想。英國航空公司的廣告，抓住了該公司空運能力強的特點，加以擴大，「英國航空公司竟然能夠將整個紐約市空運到倫敦機場！」觀眾看了這則廣告片首先會大吃一驚。驚訝之餘，就會在腦海中對英國航空公司強大的空運能力留下一個深刻的印象。

第三，商業廣告的誇張雖然免不了帶有虛構的成份，但要「誇而不失其真」。要做到「誇而不失其真」就要在「誇」中含有「真實」。《韓非子·亡征》：「喜淫辭而不用于法，好辯說而不求其用，濫於文麗而不顧其功者，可亡也。」意思是說，說話喜歡誇大其詞，說得好聽卻不切實用，將華麗的辭藻用濫，卻不考慮這些辭藻所蘊含的功用，這是自尋死路。韓非子的話當然是指做人不可夸夸其談而需以「真實」為底子，但真實也同樣是商業廣告「誇張」的生命和基礎。離開了真實，廣告就成了虛假的欺騙或吹牛了。那種「金玉其外，敗絮其中」的虛假廣告尤其是現代營銷的大忌。試仍以前文所舉的兩則廣告為例說明之。

一輛轎車，不管它有多好，也不值得讓人為了它而將旅遊、戀愛、結婚那樣的大事置諸腦後而不顧。可是大眾公司的廣告卻說，為了得到一部大眾的轎車，消費者是寧可拋棄生活中的大事的。顯然，這則廣告中帶有虛構的成份。但在現實生活中，當我們買到一件中意的商品時，那種心滿意足、愛不釋手的體會是人人都曾經有過的。那種偶爾的「大事遺忘」在現實生活中也是存在的。這就是「真實」。大眾公司的廣告正是以這種真實為基礎，而增加某些虛構的成份，以達到「誇張」而深入人心的效果。人們在看了這則廣告之後，並不會感到它在作假；紐約市那麼大，任憑英國航空公司的空運能力再強，它也不能將整個紐約市運到倫敦。英國航空公司的這則廣告顯然也帶有虛構的成份。但生活的實際經驗告訴我們，飛機的運輸能力的確是很強的。與陸運、海運相比，空運具有其獨特而不可比擬的優勢。所以，人們在看了這則廣告之後，相信這是廣告製作人為了突出空運的「能力高強」而進行的「善意誇張」，並不會認為它荒誕不經。

當然，商業廣告的誇張，與文學創作上的誇張，其原理只是「基本」相同。這也就是說，二者除了相同的一面以外，還有其相異之處。商業廣告中的誇張與文學作品中的誇張，最主要的區別就在於：人們在判斷文學作品中的誇張是不是虛假的，所根據的仍然是生活經驗和文字表現技巧；而人們在判斷商業廣告的誇張是不是虛假時，除了生活經驗和文字表達技巧外，更重要的，還要根據商品（或服務）的質量來檢驗廣告本身的真實性。如果大眾汽車一用就壞；如果英國航空公司空運行李總是誤點，那麼，儘管它們的廣告片並沒有違背生活的真實，其表現技巧也很高明，但因為它們的商品（或服務）本身質量低劣，經不起實際的檢驗，它們的廣告於是就成了虛假的欺騙和吹牛了。所以，「質量第一」，這是商業廣告運用誇張手法時必須考慮到的最大「真實」。這也就是廣告宣傳的「誇而不失其真」的真正含義所在。

「一字千金」

在「因勢利導」一文中，我們談到了秦國的宰相，被封為「文信侯」的呂不韋的故事。呂不韋做了秦國的宰相，權傾朝野，名重一時。但他卻並不以此感到滿足。和當時風流倜儻的「國際極大腕」人物如魏國的信陵君、楚國的春申君、趙國的平原君、齊國的孟嘗君等「四君子」相比，呂不韋的「口碑」和「形象」遠不能與之比肩；和孔、孟、荀、墨、老、莊、韓非、孫子等思想家相比，距離就更加大了。以呂不韋的心高氣盛，他對此自然不服氣。然而，呂氏畢竟是一位商人。他雖然腰纏萬貫，聰明絕頂，卻是財力有餘而文采不足。要他學「四君子」的養士尚且不難；要他著書立說，揚名四海，那就勉為其難了。於是，呂不韋便效仿「四君子」，他「招致士，厚遇之，至食客三千」；他又效仿名世大儒「如荀卿之德，著書布天下，……使其客人人著所聞……，以外備天地萬物古今之事，號曰《呂氏春秋》。」書成之後，呂不韋將書稿「布咸陽市門，懸千金其上，延諸侯、游士、賓客，有能增損一字者，予千金。」呂不韋的這一高價懸賞，結果竟然「流賞」，沒有人能夠對《呂氏春秋》一書增損一字而膺賞。漢代《呂氏春秋》的注釋者高誘認為，「一字千金」的「流賞」，並非由於《呂氏春秋》一書真正是「字字珠璣」，無可增損，而是因為人們「憚相國，畏其勢耳。」但呂不韋卻因其高價懸賞而名聲大噪，天下人皆知有一位為了一部書稿的「字斟句酌」而不惜破費千金的呂不韋。這就是「一字千金」這一典故的由來。

秦孝公任用商鞅進行變法。商鞅參照當時魏國李悝的《法經》起草了一部變法令。為了向全國人民表示推行新法的決心，商鞅派人在秦國國都咸陽的南門口豎起了一根三丈多高木桿，桿旁懸掛告示：「能夠將木桿搬至北門者，賞十金。」告示雖然引得大批民眾前往圍觀，但誰都不相信將一根木桿從南門搬到北門這樣一樁小事，竟然能夠獲得十金的重賞。所以，一直等到下午，仍然沒有人搬動木桿。商鞅於是重新下令，將賞格提高到五十金。傍晚時分，一位大漢終於按捺不住獎金的誘惑，他報著試試看的態度，將木桿從南門扛到了北門。守門的吏卒將這一音訊告知了商鞅，商鞅立刻下令踐諾五十金的賞格。那大漢喜滋滋地拿走了五十金，商鞅「賞罰嚴明，令出必行」的形象和威望也頃刻之間在秦國百姓的心中建立了起來。宋朝的王安石曾有詩讚曰：「自古趣民在信誠，一言為重百金輕。今人未可非商鞅，商鞅能令政必行。」

呂不韋的「一字千金」懸賞和商鞅的移桿重賞，兩個告示，用了今天的眼光來看，他們都是在做「廣告」。「廣告」者何？「廣」者，闊也，廣大也；「告」者，語也，告示也。「廣而告之」，用廣義的「語言」，將自己所要傳達的訊息通過一定的「載體」（如呂不韋和商鞅所用的「布告」）告示天下，這便是廣告。呂不韋和商鞅兩人做廣告，或是為了提高知名度，或是為了獲得人們的信賴，這和現代廣告的目的與作用是相同的。

西德一家汽車公司的廣告說：「若有人發現本公司生產的汽車，因為質量問題發生故障而被修理車拖走，本公司將饋贈發現者一萬美金。」這則重賞廣告，不正是呂不韋、商鞅廣告的現代翻版嗎？

隨著現代商品經濟的發展，廣告作為一種重要的經濟訊息來源和商品訊息的傳播手段，它正在發揮著越來越重要的作用。由於社會化的大生產，經濟全球一體化的進程加快了，世界各地正日益聯結成一個統一的大市場。各企業之間、各部門之間、各地區之間、各國之間，存在著廣泛的、無法分離的專業化分工和合作關係。這種分工合作關係說到底就是商品經濟關係。社會生產和消費的順利進行，離開了市場是不可能實現的。在經濟全球一體化的大背景下，生產的數量和品種，都要根據市場的需要來確定；生產出來的產品，也只有通過市場這個環節去銷售，一方面實現商品自身所具有的使用價值的運動過程，完成商品實體的「空間上」的轉移；另一方面，則通過市場，實現商品價值的「形態變換」——將商品變成貨幣，或將貨幣變成商品。這樣，為適應社會生產的需要，為了便於交換並促進商品銷售的「廣告」便應運而生了。

由於社會化大生產下的市場地域遼闊，產品種類繁多，生產者和消費者之間理論上總是處於一種相互隔閡的狀態，彼此很難一一對應起來：或者是一種商品面對千千萬萬的消費者，而消費者遠在千里之外；或者是一個消費者面對千千萬萬的商品和生產商，他們眼花繚亂，無所適從。這樣，廣告作為生產者和消費者之間的「紅娘」穿針引線，溝通訊息，就成為必不可少的了。以此，在現代商品社會中，離開了廣告，無論是生產者還是消費者，都將如盲人瞎馬，感到極大的不便，甚至於正常的生產和消費都難以順利地進行。正因為如此，商業發達的國家無不極為重視廣告事業的發展。根國際廣告協會(IAA)公布的數字，早在一九八六年，世界上六十六個國家的廣告費用就高達一千八百億美元。其中僅美國的廣告費就達一千零二十億美元，占其當年國民生產總值的百分之二。在日本，有一種自我判斷公司經營狀況的調查表，表中列有「公司在年廣告費用與銷售額之比」一欄目。日本企業家普遍認為，一定比例的廣告費支出，是衡量一個企業經營狀況優劣的重要參數。

慎子說：「騰蛇遊霧，飛龍乘雲。」龍蛇要借助於雲霧才能夠飛騰，商品和企業則必須倚靠廣告才能使天下人知曉。前文曾經引用國際營銷大師的話指出：「現代營銷戰爭，並非進行於『地理』的空間，而是進行於像拳頭般大小的『人心』的空間。」從這個意義上來說，提高「知名度」，是贏得現代營銷戰爭的關鍵。那麼，只有「廣告」才是我們「唯一」能夠借用的手段。當然，這並不是說只要有了廣告，其他諸如信譽、質量等等就可以不要了。這裡是從提高知名度這一現代營銷戰爭的「關鍵」著眼的。慎子又說：「一兔走街，百人追之，……以兔為未定分也。」商品好比兔子，同一種商品，也就是「一隻兔子」。為了這一隻兔子，不知有多少廠商都在那裡角逐也就是競爭。在兔子沒有被抓獲以前，也就是某一商品的市場份額沒有被「瓜分」完畢以前，它是「未定分」的。它引得「百人」急起直追，力圖盡可能地多分得一點市場份額。究竟鹿死誰手，誰是最後的贏家，除了實實在在的信譽和質量以外，那就要看誰家會「吆喝」，就要看誰的宣傳力度足以占領人心這個拳頭般大小的「空間」了。過去有一種錯誤的觀念，認為「酒香不怕巷子深」，只要產品質量好，做不廣告都無所謂。這種觀念，在「雞犬之聲相聞，老死不相往來」的農業經濟時代，或許還行得通。對於經濟全球一體化的現代商品社會來說這種觀念則已顯得落伍，它與現代商品社會的精神是格格不入的。這裡需要克服的一個錯誤觀念就是僅僅將廣告視為一種「消費」，而看不到它更是一種「投資」。實際上，只有將廣告視為一種「投資」，這才算真正認識了廣告「消費」的本質特徵。所以，企業的經營者和現代營銷人，千萬不能輕看了媒體上那短短的幾行字！可以毫不誇張地說：廣告給您帶來的經濟效益和巨額利潤，足以使廣告上的字變成「一字千金」的。

借重輿論

日本某大公司，財務上出現了舞弊現象。公司董事會企圖掩蓋這一醜聞，拒絕記者前來調查採訪。當一位新聞記者將此事在媒體上暴露以後，公司董事會惱羞成怒，竟然買通黑社會成員去刺殺那位記者。結果事情越鬧越大。新聞界不僅沒有屈服於董事會的壓力，而且將暗殺記者事件的全部過程向社會作了披露。當人們了解了事件的真相後，輿論譁然，群情激忿。廣大民眾不約而同地一致抵制購買或使用該公司的產品。最後，這家公司不得不以倒閉告終。指使殺害記者的董事會成員也受到了法律的制裁。

紐約的一家鐵路營運公司，因服務和管理方面出現了一些問題，受到了公眾的指責和批評。新聞界也介入此事作了報導。該公司一度聲名狼藉，營業額直線下降。公司新任總經理走馬上任後一方面「洗心革面」，努力改善服務和管理；另一方面，他又大力改善與新聞界的關係。公司新近推出的服務項目和便民措施，公司首先向新聞界告示，並允許媒體向社會報導。該公司又舉辦了一系列「尊重顧客」、「顧客至上」的見面會、懇談會。例如，在對鐵路車站的月台進行油漆時，公司特意邀請鐵路沿線居民和乘客的代表共同投票，以確定油漆的顏色。開始油漆時，公司總經理特意邀請了民眾代表、社會名流、新聞記者，總經理親自動手，和各界代表一齊油漆。「精誠所至，金石為開」。這家鐵路營運公司的真誠終於感動了新聞界。紐約的幾家大報均報導了該公司尊重民意的舉措。公司又專門製訂了定期與民眾溝通的規章，並將其通報了新聞媒體。媒體亦予以及時通報，在社會上引起了良好迴響。就這樣，這家公司成功利用了新聞媒體的作用，使公司的社會形象有了極大的改觀，公司的經營狀況也隨之好轉，營業額逐步回升。

日本的那家公司因為開罪了新聞界，結果公司破了產；美國的那家公司由於尊重新聞界，一舉扭轉了公司形象，使公司重新煥發了活力。這正反兩方面的例證說明了新聞媒體對於企業的重要性。

《戰國策・魏策二》和《韓非子・內儲說上》都載有「三人成虎」的故事。說的是魏國大臣龐恭和魏太子一同在趙國城邯鄲當人質。有關龐恭的傳聞沸沸揚揚。龐恭忍不住去見魏王。他對魏王說：「如果有一個人說市集上有虎，大王相信嗎？」魏王說：「不相信。」龐恭又說：「假如有第二個人說市集上有虎，大王相信嗎？」「我會將信將疑。」魏王答道：「如果第三個人又對大王說市集上有虎，大王相信嗎？」魏王答道：「寡人信之矣！」龐恭於是說道：「夫市之無虎明矣！然而三人言而成虎！今邯鄲去大梁也遠于市，而議臣者過于三人矣。願王察之。」

同樣的故事，說的是孔子的弟子曾參根本沒有殺人。但當人們一而再，再而三地向曾參的母親敘述曾參殺人的故事，曾母由最初的不信，到最後「懼，投杼逾牆而走」，嚇得她逃走了。

三人成虎的和曾參殺人的故事，是比喻謠言倘若一再重覆，就有使人信以為真的可能。德國納粹首領戈培爾尊奉的就是「重覆一千遍的謊言就變成了真理」的信條。所謂「一人傳虛，萬人傳實」，說的也是這個道理。謠言本不足信。造謠者也是可恥的。但謠言本身卻也是一種輿論，而輿論的重要性也從這兩則故事中透露了出來。如果我們剔除這兩則故事中的謠言成份，不是說「三人成虎」，而是說「三人成羊」，而且市集上確實有「羊」；不是說「曾參殺人」，而是說「曾參救人」，而且曾參的確救了人，那麼，第一個說市集上「有」羊的人，第一個說「曾參救人」的人，就好比是記者採訪到了新聞。而三個人說「有羊」，三個人說「曾參救人」，這就變成了一種輿論。市集上到底有多少「羊」？，有什麼「羊」？曾參到底救了什麼人？怎樣救的人？這一切是要靠人們的傳說來廣播，在現代社會，就是要靠記者和新聞界去傳播，去曉之以眾的。俗話說「人言可畏」、「眾口鑠金」，這說明了輿論力量的巨大。只有經過了新聞界的傳播，形成了輿論的力量，才能使好人好事得到褒揚，壞人壞事得到批評。

人類社會發展到今天，新聞媒體和記者已經成了企業、產品和社會公眾之間的橋樑與紐帶。人們常以「無冕王」來定位新聞記者的職業特徵，新聞記者的重要性也越來越被人們所認識：他可以使遠在千里之外的社會公眾在第一時間就能夠了解到某地所發生的一切，他可以使某種商品的好壞優劣家喻户曉，他更可以以新聞記者的良知和價值觀、道德觀作底子，鼓動起社會公眾對某人某事、某品某物的好惡。這就叫做「輿論造勢」。所以，明智的企業家和營銷人無不對新聞界表示出莫大的尊重，無不對新聞記者報有相當的敬畏：他們都樂於和新聞界與記者交朋友。

《易・繫辭》說：「上交不諂，下交不瀆。」這應當成為企業家和營銷人與新聞界打交道，和新聞記者交朋友時遵循的準則。中國人這個交友待客之道的意思，是說與人交往時，既不要低三下四，唯唯諾諾，也不要趾高氣揚，目空一切。這就是俗話所說的「不亢不卑」。須知企業界和新聞界的關係，並不是片面的「求助」關係：企業一方面借助於新聞的傳播以增強企業的知名度和產品的美譽度；另一方面，新聞界也要依託企業實實在在的「作為」以為素材，來完成新聞應當完成的任務。他們或介紹某種商品，或透過報導企業的某一事實來弘揚某種精神，批評某種傾向。所以，企業界與新聞界的關係，是一種真摯、互助、互補的合作關係。從現代營銷的角度看，企業在和新聞界交往時，應當注意以下幾方面的問題：

1. **求真**：真實是新聞的生命線，所以，記者總是喜歡了解到真實的情況。因而，企業向記者提供的材料也應當真實可靠，不能弄虛作假（這裡不涉及「商業機密」的問題和某些企業不宜透露的內容。）。要知道，一次弄虛作假所造成的惡劣印象，是一百次求真也無法補贖的。所謂「一熏一蕕，十年尚有餘臭。」一堆香草中只要雜入了一莖臭草，香氣就被臭氣污染了。

2. **求實**：求實就是要「實事求是」，既不誇大，也不縮小。一些營銷人在向記者介紹企業的產品時，往往誇大其詞，突出產品的優點，縮小產品的缺點。從性質上說，求實和求真是相通的。不求實帶來的惡果也和弄虛作假相同。

3. **求誠**：求誠就是要將新聞界當作自己的知心朋友。既然是朋友，就應當推心置腹，以誠相待。碰到困難，希望通過新聞界曉之以眾，得到社會的幫助的；或是遇到喜事，想透過媒體傳播開去的，都不妨與新聞界同憂患，共喜樂，將實情通達記者。尤其不能對記者採取高壓、恐嚇、指責、利誘等手段，來阻止其發表不利於自己的報導。即便是某些報導失實，也應當像朋友之間發生了某種誤會那樣，委婉地加以說明，並向記者提供真實的材料，由新聞界心悅誠服地主動澄清和更正。切不可因刊登了於己不利的報導而記恨媒體。

4. **求主動**：某一新產品問世，某一管理措施出台，都應當盡可能地先向新聞界通報，邀請記者前來採訪，藉此增加產品的知名度，在公眾中建立良好的企業形象。企業和產品，只有靠輿論宣傳才能聲名遠揚，從而才能廣拓市場，廣開銷路。樂於並善於和新聞界打交道，和記者交朋友，這是企業推銷產品，借助於宣傳走向成功的重要途徑。現代營銷人切不可對此掉以輕心。

反襯妙用

世界上有不少事物，都是相比較而存在，相矛盾而統一的。如美與醜、善與惡、高與下、難與易、長與短、多與少、先與後、有與無、禍與福、強與弱、剛與柔、虛與實、巧與拙等等。以事物矛盾對立的兩極相互襯托，如以醜襯美，以短襯長，以假襯真，以及悲喜互襯、莊諧互襯等，是文學創作中經常使用的手法。它可以把需要強調的重點形象表現得更加鮮明、生動、突出和強烈。

《莊子·至樂》中說，莊子來到楚國，看見一個死人髑髏。莊子向髑髏問道：「你是貪生失理而死呢？還是因為遭到了亡國之事或斧鉞之誅而亡？是因為行為不端，愧對父母而死呢？還是因凍餒而亡？抑或是壽終正寢？」莊子問畢，「援髑髏枕而臥」。至夜半時分，髑髏托夢告知莊子說：「先生所問，都是些受人世間的牽累而苦痛的話題。人死後哪裡還有這些苦楚！先生想聽一聽死的愉悅嗎？」「願聞其詳！」髑髏因說道：「死則無君于上，無臣于下，亦無四時之事，從（縱）然以天地為春秋，雖南面王，樂不能過也。」莊子因問：「要照您這樣說，那麼，倘若我讓司生之神重新恢復您老人家的生命，使得您再生肌膚，再讓您返鄉歸故里，回到您父母妻子的身邊，您可願意嗎？」

髑髏一口回絕道：「我怎能放棄南面稱王之樂，而重新戴上人間苦痛的鐐銬呢？」

莊子說的這個故事便是運用了反襯的手法，他將「生界」存在的種種不如意以「死界」的歡愉襯托得淋漓盡致：百姓飽受生活的煎熬，他們像螻蟻那樣「活著」，卻時時或因凍餒而亡、或國亡家破、含羞忍辱致死。而他們一旦「死去」，反倒是真正的解脫了。他們再也不用為「活著」而受生界的任何拖累，無憂無慮，無牽無掛，既沒有君臣之苦，也無四時之事，廓然以天地為春秋，那真真是「南面而王」之樂所不及的。人們常將死視為人生第一等可怕事，莊子卻獨獨挑選了死亡來襯托活著的苦痛。人生的苦難若不經莊子這樣的反襯，其入人之深也就要差卻了許多。

《列子．周穆王》中說，華子得了健忘症，數年不諳事理。後來一位儒生將他的病癒了。華子清醒過來以後大怒，認為儒生治癒了他的病，使他恢復了思維和記憶力，這就讓他重新回到了「人間」。那些齷齪卑鄙，醜惡不堪的事體，原先渾渾噩噩時看見了也等於沒看見，一點也不會引起反感和惡心；一旦回復了知覺，看見了這些醜惡就要想，就要生氣，就會痛苦。所以，華子認為，那位儒生治癒了他的病不是救了他，而是害了他。因而華子操起戈來，要追殺那位為他治病的儒生。華子不願恢復知覺，正和髑髏不願復生一樣。列子也是用反襯的手法，以白痴的無知快樂，來襯托人生有知的痛苦。

宋玉所寫的《登徒子好色賦》，用登徒子的「好色」，來反襯自己的見色不移；用登徒子之妻的醜惡，來反襯他的東鄰姑娘——「東家之子」的容貌出眾，並以此凸顯自己的惑而不亂：「天下之佳人莫若楚國；楚國之麗者莫若臣裡；臣裡之美者莫若東家之子。」東家之子「登牆窺臣(登徒子)三年」,而登徒子卻無動於衷,心性不移。還有大家所熟悉的《莊子・達生》中「佝僂承蜩」的故事,莊子也是以承蜩老人的佝僂老態,來反襯他捕蟬技藝的高超。

在文學作品中,反襯的方法運用得當,可以使作品產生巨大的藝術效果。反襯可以造成強烈的對比,從而加深作品臧否是非的思想力量。《紅樓夢》中的黛玉之死和寶釵出嫁被安排在同一時刻:一邊是榮國府內宮燈花燭,人來客往,觥籌交錯,熱鬧非凡,麗艷新人寶釵「出閨成大禮」;一邊是瀟湘館內的形影相吊,冷落淒涼,只有紫鵑陪同著病入膏肓的黛玉「魂歸離恨天」。這裡,寶釵的隆重婚禮強烈地反襯著黛玉之死的淒慘,使人不能不為黛玉一灑同情之淚!這種反襯所達到的藝術效果,是平鋪直敘的手法所無法達到的。利用反襯的手法,可以造成藝術上的跌盪起伏的氣勢和九曲波瀾、盪氣迴腸的感染力,以避免「直露」之短。所謂的「直」與「露」,是說描寫的手法太質直,沒有咀嚼的「餘地」,缺乏形象思維的迴旋韻味。使用反襯,而且反襯得好,是避免藝術上直與露的有效方法。它可以藉此顯彼,借反襯正,造成藝術上的迴旋,增強作品的意蘊。

反襯方法運用得當,在商品廣告宣傳上同樣可以取得良好的效果。

在現代廣告設計中,「化醜為美」就是被普遍採用的一種廣告反襯法。例如,在一幅化妝品的廣告畫中,一位閑靜典雅的美少女,雙手托著高貴的化妝品。但出人意料的是,在畫面的上方,出現了一條令人戰慄的蛇,正在窺測那位美少女嫩藕一般的玉臂。美醜兩種截然相反的畫面組合,構成了一種相互對照或者說反襯的關係。化妝品和少女的美，恰恰因為蛇的醜陋形象的存在而更加突出和強烈了。從整體上看，「醜」已經成為畫面不可分割的組成部分。正因為如此，「醜陋」在這一特定的空間中，就轉化成了具有新奇感的藝術「美」，因而具有了審美的價值，廣告宣傳也因此產生了不同尋常的藝術效果。又如，在一幅電腦產品的廣告畫中，設計者將野性十足的大猩猩與體現人類社會現代文明的電腦組成了一個整體，形成了美與醜，文明和野蠻的強烈對比。通過大猩猩的反襯，使得電腦的現代性、文明性、智慧性得到了更加深刻的體現。

如果說美醜並置的廣告設計可以產生組合的美與對照的美的話，那麼，單純用醜陋的形象為設計主體，同樣可以使得廣告具有審美的價值，而且可以產生一種更加含蓄，更加高級的審美情趣。

某廣告公司設計了這樣一幅反對戰爭的公益廣告畫：在一片焦土上兀然置放著一具由燒焦了的麵包作成的骷髏。設計者的匠心於在於，他想透過骷髏這一醜陋可怕的形象，表達出戰爭給人類帶來的只能是災難、焦土和死亡等象徵意義。譴責戰爭是這幅公益廣告畫的主題。設計者正是通過畫面主體的醜陋形象給人帶來視覺上不愉快的衝擊，達到以醜惡否定醜惡的效果，從而暗示了對美好事物的肯定。類似於這樣的廣告設計，往往懷著對美好事物的嚮往與追求，通過反映醜來鞭撻醜，揭示醜的本質，透過醜的表象讓人們去領會其背後的截然不同的崇高而偉大的美的內涵。這一表現手法的基本特徵也是「以醜襯美」的反襯法，只不過它的美是隱藏在醜的表象之下的。這樣，一些表面上看似醜陋的形象，也就同樣具備了反映美、表現美、肯定美的美學意義。

德拉克洛瓦在論述「美」的變動性、不肯定性時說：「如同人的習慣或者主張那樣，美不可避免地會發生無數的變化，……任何迷戀於遠方文明美的形象的做法，已經不能震鑠我們的心靈。我們喜歡更加符合我們的情感，或者，如果樂意的話，也可以稱之為符合我們『成見』的美。」這就說明，「美」和「醜」是可以因為人的感覺變化而互相轉化的。正如老子所說：「正復為奇（正常的可以變為反常的），善復為妖（善良的可以變為邪惡的）。」「禍兮福之所倚，福兮禍之所伏」這一句話我們可以將它改為「美兮醜之所倚，醜兮美之所伏」。懂得了美醜二者的辯證關係，巧妙地加以利用，就可以使得廣告的形式更加新穎別致，意味更加雋永，更加引人入勝，從而「衝擊力」也更加強烈。

「買櫝還珠」與商品包裝

韓非子說過的那個「買櫝還珠」的故事大家都是熟悉的：一個楚國人到鄭國去販賣珍珠。他把珍珠裝在一個精美的盒子裡，結果，一位買主竟然只拿走了裝珍珠的盒子，而將珍珠仍舊留給了賣主。當然，這是一個虛構的故事，世上不會有「買櫝還珠」那樣的傻子。韓非的故事，意在諷刺那些本末倒置，取捨失當的人。但那個盛珍珠的盒子的確精美。你看它：「熏以桂椒，綴以珠玉，飾以玫瑰，緝以翡翠」，使人聞之而香沁肺腑，視之而寶光熠熠，令人神往讚嘆。這恐怕是導致那位買主犯了「買櫝還珠」之錯的主要原因。這個故事啟示我們：包裝的好壞，在很大程度上影響著商品的銷售。

包裝是指將產品保存在包裝物內的一種行為，目的是便於產品變成商品過程中的承載、保護、流通和銷售。在現代商品社會中，產品包裝的功能已經成為增加產品附加價值，促進商品銷售的重要手段，因此產品包裝也是現代營銷需要認真研究的問題之一。從營銷的角度看，現代商品社會中的產品包裝主要體現為四大功能：

1. **識別功能**：使得消費者在接觸商品的第一時間內對商品有所分辨，喚起他們的購買意向。

2. 便利功能：使消費者在購買和使用時感到方便。

3. 美化功能：精美的包裝能夠引起消費者的購物欲望。

4. 附加價值功能：具有某種表徵意義的包裝，使得消費者在心理上能夠獲得某種社會的圈層感、身分感和名譽地位感。

商品包裝的以上四方面的功能，可以分為兩個層面來認識，即可以將包裝分為「物質包裝」和「心理包裝」。如果說物質包裝主要著眼於產品的保護，如產品的防潮、防霉、防蟲、防凍、防污染、防變形等包裝的最基本的內容，以便於產品的保存和儲運的話，那麼，心理包裝更加重視的是產品的附加功能如產品的市場細分和市場定位的需要等等以便於銷售。

大家都聽說過「望梅止渴」的故事。曹操有一次率領軍隊行軍，士兵們沒有水喝，各個口乾舌燥，喉嚨裡冒煙。曹操在馬上揚鞭指著前方說：前方不遠，有一片梅子林，樹上結滿了梅子，可以解渴。士兵們一聽「梅子」二字，想到那梅子又酸又甜的滋味，頓時舌下生津流液，口渴的程度大大緩解。這個故事說明，人的各種感覺——視覺、味覺、嗅覺、觸覺等是相通的。一種感官接受了外來的信號，產生相應的感覺，經過大腦的作用，可以產生聯想，從而引起其他感覺的產生。商品包裝正可以運用這一原理。使得顧客在選購商品時，由商品包裝的外形特徵而產生出各種感覺器官的連鎖反應。

或許大家都有過這樣的體會：同樣的商品特別是食品，有包裝的能夠給人以清潔、安全的感覺，沒有包裝的則像一個不穿衣服的人一樣，令人感到齷齪、噁心。某些奸商，就是利用了人們重視包裝的心理，以「金玉其外」的包裝，掩蓋其「敗絮其中」的假貨劣貨，使消費者上當受騙。這也從反面說明了商品包裝在顧客心目中的地位和作用。

由於消費者在拿到某一樣商品時，他最先接觸到的就是商品的包裝，因此，包裝給顧客留下的就是「第一印象」。有資料表明，人在接觸某一物品時，該物品通過視覺、觸覺等神經的刺激在大腦皮質層上留下的第一次印象最新鮮，最深刻。因此，產品包裝就好像商品的廣告，其功能不容忽視。包裝上的文字、圖案、色彩必須準確傳遞該產品的性能、質量和特點；包裝的風格應當符合該產品目標消費群體的市場定位。如果產品是銷往國外的，還要考慮到產品包裝與目標市場的銷售條件、風俗習慣、宗教信仰、環境保護、審美觀以及某些忌諱等等的相關程度。這些都是在市場營銷的過程中必須加以注意的。針對不同種類的商品，包裝的要求也不相同。例如，高級珠寶應配以高檔包裝，以襯托商品的名貴；化妝品的包裝要求品味高雅，造型別緻。透過包裝，使人彷彿能夠聞到包裝盒內化妝品的芳香。根據化妝品目標消費群的不同，包裝材料也可以採用水晶、玻璃、塑料等不同材質；堅固的五金機械包裝、精密的儀器包裝、柔軟舒適的紡織品包裝，能使人感覺到商品的不同質感；淡綠色的藕粉包裝盒，能使人眼前浮現出一片荷葉的新綠，荷花的粉紅和藕的潔白等等。各種精美的商品包裝，能夠大大刺激顧客的購買欲望，從而推動商品銷售的順利進行。所以，商業發達的國家對商品包裝都十分重視，稱商品包裝為「包裝美女」，意謂優美的包裝，如同美女一樣惹人喜愛，使消費者趨之若鶩。當然，如果包裝物的價值超過了商品本身的價值，往往會引起消費者的反感，從而影響商品銷售，這一點也應當引起注意。

某國一位茶葉商想把非洲出產的一種茶葉販運到西德市場上去賣。事前，這位茶葉商也曾就這種非洲茶葉的質量、價格、口感等能否被西德的消費者所接受在市場上作過調查。結果表明，無論是茶葉的質量、價格還是口感，這種非洲茶葉都有較強的市場競爭力，銷售前景看好。但是，這位茶葉商卻忽略了對產品包裝的預測和調查。他沒有對原包裝進行任何改進，就急忙將連帶這種原包裝的非洲茶葉投放到了西德市場。由於原包裝簡陋粗糙，經過長途販運後破損嚴重，包裝袋內的茶葉都裸露在外了。包裝袋的顏色又以黃褐色為主，色調枯燥，與茶葉應有的清新、嫩綠可謂南轅北轍，它只能令人聯想起非洲那乾旱龜裂的黃褐色的土地。對於茶葉的質量、品味、功用及特點等，包裝袋上也沒有任何說明。不知底細的人還以為這是一包包的鹹菜干呢！所以，儘管這種非洲茶葉質量上乘，價格適中，西德的經銷商卻對它不屑一顧。結果，茶葉銷售情況之糟糕也就可想而知了。

製造懸念

據《戰國策・齊策》記載，孟嘗君的父親靖郭君，要在他的封地薛邑修築城垣。這是一件勞民傷財的事。靖郭君的食客們都前往勸阻，靖郭君卻固執己見，一意孤行。他命令衛士把住大門，任何前來勸阻的門客一律不許入內。有一個齊國人請求面見靖郭君，只要求與靖郭君說三個字。若是多說一個字，寧願受烹刑。靖郭君同意了。那人見到靖郭君，一開口就是「海大魚」三個字，說完掉頭就走。靖郭君聽了這沒頭沒腦的三個字，不知所云，心中十分納悶，就命令衛兵截住那位齊人，逼迫他把話說完再走。那位齊人說道：「小人不敢拿自己的性命開玩笑。」靖郭君說：「沒關係！你趕緊說，我保證不殺你。」齊人於是說：「君不聞海大魚乎？網不能止，鉤不能牽，蕩而失水，則螻蟻得意焉。今夫齊，亦君之水也。君長有齊蔭，奚以薛為？無齊，雖隆薛之城到於天，猶之無益也。」意思是說，您靖郭君沒有聽說過海中的大魚嗎？用網網不住它，用鉤牽不動它，可謂龐然大物了。可是一旦失去水，它就成了螻蟻的美餐了。現在，大王就像那條大魚，而齊國就是大王的水啊！大王既然已經有了齊國的永久蔭庇，還準備將薛邑怎麼樣呢？倘若沒有了齊國，大王您就算將薛邑的城牆壘得像天一樣高，那也是無濟於事的呀！

表面看來，這位齊人說齊國給靖郭君以蔭庇地，是靖郭君的「水」。但齊人這裡說的實際上還包含有更加深刻的含義。他想告訴靖郭君的是：封地薛邑才是你靖郭君生活於斯的真正的安身立命之處。現在你仗著有齊國的蔭庇，根本不把薛邑放在眼裡，竟然要在薛邑築城壘牆，幹那種勞民傷財的事。這勢必引起薛邑百的不滿。當你在薛邑百姓心目中的地位已不復存在時，一旦你失去了齊國的蔭庇，那時你還不是像一條沒有了水的海大魚一樣，只能聽憑「螻蟻」將你一口一口地吃掉嗎？

靖郭君聽了齊人的一番話，終於打消了在薛邑築城的念頭。

《韓非子・說林下》講了這樣一則故事：荊王出兵伐吳，吳王派沮衛、蹷融二人前往荊軍大營，面見荊軍的統帥。不料，他們一到荊軍大營，就被五花大綁地捆了起來。荊軍統帥下令將二人「殺以釁鼓」。臨刑前，荊軍統帥無意間問了他們一句：「你們臨來之前難道沒有占過卜嗎？」兩人異口同聲地說道：「臨來以前我們不僅占過卜，而且占卜的結果還是上上大吉呢！」荊軍統帥聽二人這麼一說，便止住了刀斧手問道：「既然占得的上上大吉卜，那你們今天即將被殺，這又如何解釋呢？」沮衛、蹷融答道：「我們今天被殺了釁鼓，正是大吉兆！吳王所以派我們來，就是要看一看會不會激怒荊軍統帥。如果荊軍統帥發怒，那麼吳軍將深溝高壘而備之；如果荊軍統帥不發怒，吳軍則準備歇一口氣。現在，大王果然發怒，要將我們殺了釁鼓，吳軍得知後一定會加倍警惕的。再說了，占卜原本就是為國事而占，非為私事而問，能夠用了臣子的性命換取國家的安寧，這不是吉兆是什麼呢？而且假如人死後無知，大王處死我們，這對於大王您又有什麼意義？

如果人死後有知，我們倆人雖死，但在死後定要在吳、楚兩軍對壘時用我們的鬼魂發作，使得荊軍的戰鼓鑼不響。」荊軍統帥聽了這番話，取消了死刑，將他們兩人放了。

上面說的齊人進諫和沮、蹷說卜，都是「製造懸念」的例證。他們不僅巧設比喻，而且正話反說，含蓄雋永，意味深長，使人聽了不由得產生一連串的懸念，最後說服了靖郭君，打動了荊軍統帥。我們知道，好奇之心，人皆有之。「製造懸念」，就是利用了人的好奇心，故意把話說得吞吞吐吐，欲言又止，作出一種「神龍見首不見尾」的姿態，激發起人們的好奇，迫使他非要探個究竟，非要「打破沙鍋問到底」不可。廣告宣傳，其目的也是要打動聽（觀）眾，引起他們的興趣和注意，那麼，巧妙地運用「製造懸念」的方法，引導聽（觀）眾產生尋根究底的衝動，這在現代營銷中不失為一種行之有效的好辦法。

一九三一年，京劇表演藝術家梅蘭芳受上海丹桂戲院老板之聘前來演出。當時，梅蘭芳在平津一帶已經家喻户曉，名聞遐邇，但對於聽慣滬劇和紹興劇的上海人來說，梅蘭芳的名字還是有一點陌生的。梅蘭芳初次來滬上，怎樣才能有效地提高他的知名度，從而獲取較高的售票率，謀求最高的票房收益？丹桂戲院的老板很聰明。他斥重金將當時滬上一家有影響力的大報的頭版版面買斷，一連三天，用整個版面刊登「梅蘭芳」三個大字。上海人最愛「軋鬧猛」。看了這家報紙上的「梅蘭芳」，不禁疑團滿腹：「梅蘭芳，莫不是一個花卉展？」「莫非又有什麼特大新聞了？」一時間，「梅蘭芳」三個字成了上海人街頭巷尾議論的話題。人們紛紛打電話去報社詢問，得到的答覆是「無可奉告」。這就越發引起人們的懷疑。到了第四天，這份大報的頭版仍然刊登「梅蘭芳」三個字，但在下面加上了一行小字：「京劇名旦。假丹桂大戲院上演京劇《彩樓配》、《玉堂春》、《武家坡》。某月某日在某某處售票，歡迎惠顧。」人們三天來的驚奇、疑惑這才煙消雲散，一轉而為先睹為快的心理需求。預定演出場次的戲票被搶購一空。更由於梅蘭芳的精湛演技，觀眾為之傾倒，結果，梅蘭芳一炮打響，第一次來上海的演出就獲得了極大的成功，丹桂戲院也收到了很好的經濟效益。

年輕貌美的漢娜是一家出版社的營銷員，她為這家出版社推銷《大英百科全書》，創造了令同行矚目的好成績。漢娜總是趁人家夫婦倆人同時在家時上門推銷。她把做丈夫的拉到一邊，盡量壓低聲音，講述《大英百科全書》的內容和質量如何好。做妻子的對漢娜那副詭秘兮兮的神態不放心，忍不住總要走上前去聽個究竟。這時，漢娜又向做妻子的敘說《大英百科全書》的優點，勸說妻子同意丈夫的購買選擇。做妻子的不好意思駁丈夫的面子，就這樣，做妻子的十有八九很爽快地答應了漢娜的要求，填寫了購買訂單。

「製造懸念」是一種巧妙的營銷手段。它引導顧客產生的那種欲止不可，欲罷不能的「探索」心理，大大激發了他們的好奇心，提高了他們的注意力。「製造懸念」可以有各種不同的形式和內容。成語、典故、詩詞、隱語，甚至一句話、一個字，無不可用來製造懸念。根據不同類別的商品，可以製造出不同形式、不同內容的懸念來。要能夠製造懸念，除了要有廣博的知識，還要學會細心思索，仔細揣摩，巧妙編排。如何利用人們的好奇心，製造引人入勝的懸念，這是一門藝術，值得營銷人好好下一番苦功。

自貶有術

閻没和叔寬都是戰國時晉國的大夫。《國語．晉語》中記載了他們倆以自貶的方式勸諫魏獻子不要受賄的故事。原來，魏獻子是晉國的正卿，為人一向清正廉潔，辦事公正。有一次，一個山西梗陽人來京城打官司。他怕自己的官司打不贏，就向魏獻子行賄，請他在斷案時偏袒自己。閻没和叔寬知道了這件事，十分著急。他們想：「魏獻子一生清廉，有口皆碑，可不能因為接受了梗陽人的賄賂而落下一個惡名啊！」兩人決定共同去勸阻魏獻子。第二天，魏獻子上完了早朝，準備用早餐，卻見閻没、叔寬没有離去的意思，知道他們大概有話要説，於是邀請他們共進早餐。用餐中，只見閻、叔唉聲嘆氣，神情十分壓抑，魏獻子不免奇怪，問道：「俗話説：唯食可以忘憂。您二位一飯三嘆，不知究竟為了什麼？」閻没、叔寬異口同聲地答道：我們倆都是貪得無厭的小人啊！當飯菜剛剛端上來時，我們擔心不夠吃，因而嘆氣；飯吃到一半，我們又想到主人會不會讓我們吃個透飽，再反思自己的貪婪，不禁自愧，因而又嘆氣；吃完了飯，我們想到自己以小人之心，度君子之腹，並衷心希望您也能適可而止，量腹而食，不要像我們那樣貪婪，因而搖頭三嘆。魏獻子聽出了他們的弦外之音，於是説道：你們的話説得很對！我知道該怎麼做了。於是送回了梗陽人的賄禮，保住了廉潔的令名。

前文中曾經說過一個「狡兔三窟」的故事。這裡再補充一點馮諼「自貶」的事。當初，馮諼投到孟嘗君門下時孟嘗君與馮諼曾經有一段對話：「客何好？」「客無好也。」「客何能？」「客無能也。」孟嘗君聽了馮諼的話「笑而受之，曰：『諾。』」可以看出，對於馮諼的「無好」和「無能」，孟嘗君是有輕視之心的。但當時養士成風，孟嘗君為了收攬人心，不願意別人說他對士不恭，所以才很強強地「笑而受之」，說「好罷」，您就在我的門下混一口飯吃罷。馮諼以「無好」、「無能」自貶，將自己說成一個百無一用的庸才。但是到後來，他不僅為孟嘗君買來了「義」，製造了「三窟」，使得孟嘗君可以「高枕無憂」，而且他又協助孟嘗君「為相數十年，而無纖介之禍」，可見馮諼絕非庸碌之輩，而是才華橫溢、足智多謀、目光遠大、不可多得的高人。馮諼雖然韜光養晦，自貶無能，但所謂「烘雲托月」，馮諼的聰明過人恰恰因為他先前的自貶而益發凸顯出來。

魯迅先生活著的時候，有人請他開列一張青年人必讀的書單，他自稱不行；大家尊為青年人的導師，他自稱不配。一九三〇年九月，魯迅五十大壽，上海左翼作家為他慶賀。席間，有人出於對魯迅的尊崇景仰，稱他為「中國的高爾基」，他表示不喜歡，說只有蘇聯的高爾基是真高爾基，自己是假的。魯迅先生的道德文章，世所公認，而他卻以「不配」、「不行」、「不是」自貶。他死後「高山仰止」，被尊為「民族魂」，對照魯迅的自貶，越發顯示出他的偉大和崇高。

「自貶」不僅是虛懷若谷的謙虛表現，在現代營銷中也是一種常用的手段。上海的某交易市集，服務態度一向為人稱道。交易市集的經營者為了進一步吸引顧客，他們在上海一家著名的大報上刊登廣告，公開請顧客評定本市集的「不稱職管理人」，並有獎徵求本交易市集的「十不足」。結果，交易市集因此而聲譽大振，營業額迅速擴大。

湖南湘潭市鐵捲門工廠是一家只有幾百名工人，名不見經傳的小廠。一九八八年，該廠在《湖南日報》和《湘潭日報》上連續刊登廣告，「有獎摘尋本廠的低劣服務」，提出：「凡我廠生產的鐵捲門，一律滿足客户的維修要求，在接到保修電話二小時内没有前往的，或維修質量低劣，服務態度不良者，舉報者將得到規定數額的獎勵。」當年六月，果然有一家客户打來電話，批評該廠維修人員責任心不強，維修質量欠佳。該廠經過核實後立即作出決定：⑴當晚即派員前往客户單位重新維修，並當面致歉；⑵給予來電批評者送去獎金若干；⑶扣發廠長當月獎金；⑷扣發受批評維修人員當月獎金；⑸在《湘潭日報》上公開致歉。實際上，這家廠售後服務一向不錯。他們卻抓住售後服務中的一點不足「小題大作」，刻意「自貶」，這樣做，不僅没有降低該廠的聲譽，相反得到了廣大用户的高度評價。自從該廠在湖南兩大報紙上刊登自貶廣告並加以實施以後，該廠的美譽度大大提高，生產經營狀況也隨之迅速改觀，取得了良好的社會效益和經濟效益。

事實證明，巧妙地進行「自貶」，其效果往往要勝過正面的自我宣揚。現代心理學認為，某事物能否為人們所記憶，首先取決於該事物能否引起人們的興趣與注意。事物引人入勝的程度與該事物被記憶的程度成正比，商品廣告同樣受這一規律的制約。眾所周知，廣告的第一要義是讓人們對廣告的宣傳主題感興趣從而去記憶它。只有新穎、別緻、異乎尋常的廣告訴求，才能激起人們的興趣和注意，也才能因此而被記憶，以此激發起人們的購買欲。對於那些「老王賣瓜」式的廣告宣傳，人們已經看慣了，聽膩了。受眾對於宣傳主體司空見慣，習以為常，這就失去了廣告宣傳的靈魂——新鮮感，因而也就容易使人們對廣告宣傳視而不見，聽而不聞。而異乎尋常的「自貶」，因其「異」而「新鮮」，而引人矚目，從而達到的廣告效果也就更好。

當然，這裡需要指出的是，進行「自貶」，首先要本身的產品和服務質量上乘，這才能博得消費者的信賴。相反，自身質量低劣而「自貶」，這無異於「東施笑顰」，只會使人恥笑，令人厭惡，叫人更加瞧不起。

借鑑篇

《史記・貨殖列傳》

司馬遷的《史記》被魯迅譽為「史家之絕唱，無韻之離騷」，是中國第一部紀傳體通史。司馬遷有著豐富的、較於他同時代的儒者學士遠為進步的經濟思想。這主要體現在《史記》的《貨殖列傳》中。在中國歷史上，司馬遷第一個系統地考察了商品經濟的特徵，提出了一整套發展生產、擴大交換、富國富民的經濟理論。這些思想，直到今天，依然閃爍著耀眼的光輝，具有積極的借鑑和指導意義。

自戰國以來，歷朝歷代的統治者無不以「重農抑商」為基本國策。在司馬遷生活的漢武帝時期，為了加強中央集權統治，「重農抑商」政策更是得到了全面推行。鹽鐵官營、平準均輸、算緡告緡，這一系列壓制商人、打擊商人的政策措施，極大地破壞了商品經濟，致使「商賈中家以上大率破」。與「重農抑商」這一政策相輔相行，自先秦以來，諸子百家、歷代大儒，無不主張遏制人的欲望。孔子教育學生的口頭禪就是「君子喻於義，小人喻於利。」孟子倡導「養心莫善於寡欲」。老子說：「罪莫大於可欲。」法家主張用刑法和賞賜來壓抑人欲。到了漢武帝時期，董仲舒集先秦遏制人欲思想之大成，提出了一整套用「三綱五常」的道德禮教來「陶冶人欲」、防範人欲的理論。

在這樣的歷史傳統和時代氛圍中，司馬遷獨樹一幟，中流砥柱，發出了不同凡響的「異」聲。他指出，自《詩》、《書》所述虞夏以來，「耳目欲極聲色之好，口欲窮芻豢之味，身安逸樂，而心誇矜執能之榮使」，隨著時代前進的腳步，這一切早已成了根深蒂固的人欲，即所謂「俗之漸民久矣」！追求欲望的滿足，這乃是人類社會發展的必然之勢。對此既不能加以遏制，更不能使之倒退到無知無欲、無企無求的蒙昧時代中去。倘若有人硬要那樣去做，即便是挨家挨户地說教，也無論他們的說教是如何美妙動聽，其結果「終不能化」，只能是徒勞無功。

那麼，人們追求欲望的滿足是以怎樣的方式表現出來的呢？司馬遷指出，逐利求富是人類共有的通性和特點。司馬遷用他那酣暢淋漓的筆鋒，為我們描繪了一幅社會的「逐利圖」：士兵將領攻城陷陣、斬將搴旗，他們不避湯火之難，是「為重賞使也」；閭巷少年劫人作奸、攻標椎埋、不避法禁、走死若鶩，「其實皆為財用耳」。還有那「不擇老少」的歌伎；那「飾冠劍、連車騎」的遊閑紈絝公子；以及那「搏戲馳逐」的賭徒，林林總總，各式人等，無不為「利」而奔忙，真所謂「天下熙熙，皆為利來；天下攘攘，皆為利往」。所以說：「富者，人之情性，所不學而俱欲者」，這是與生俱來，自然而然的，這絕不是什麼邪惡。

既然逐利求富是人的共性，那麼，抑商、賤商的傳統標準，在司馬遷的眼中也就失去了合理存在的基石。司馬遷充分肯定了商業和商賈對於富國、富家、富民的作用，為他們遭受歧視和打擊，為他們低下的社會地位鳴不平。司馬遷指出，商業與農、工、虞

（「虞」為古代執掌山澤的官名，這裡統指山澤之業。）「三業」一樣，都是「民所衣食之原也」。「商不出則三寶絕」。在《太史公自序》中司馬遷寫道：「布衣匹夫之人，不害于政，不妨百姓，去與以時而息財富，知者有採焉。作《貨殖列傳》。」《史記索引》引《尚書》孔傳云：「殖，生也，生資貨財利。」這就是說，《貨殖列傳》是專門為了探討那些「布衣匹夫」如何以物生財或以財生財，如何在「不害于政，不妨百姓」的前提下，也就是如何在「有道」的前提下「生財」的。由此可見，總結商品交換的經驗，以供時人與後人的參考與借鑑，這是司馬遷作《貨殖列傳》的主旨。取名「貨殖」，列位「列傳」，司馬遷對商品經濟的重視耐人尋味。

「生財有道」是司馬遷經濟思想的核心，也是司馬遷對人類經濟思想的最重要的貢獻之一。所謂「生財有道」，是說賺錢要符合「道」。按照司馬遷的看法，只有合乎「道」的「財」，才可以去賺取，去追求；反之，那些不合乎「道」的財，就不應當動心。發這樣的財，那就是發不義之財。或巧取豪奪，或欺詐行騙，雖然「生了財」也不足取而應予摒棄。對於逐利求富的職業，司馬遷將之劃分為三等：「本富為上，末富次之，奸富為下。」所謂本富，是指農、林、畜、牧等產業；所謂末富，是指正當的商業活動；奸富則是指專門靠欺詐行騙致富的奸商。經營「本富」的人，「不窺市井，不行異邑，坐而待收，有處士之義而取給焉」。從事本富這樣的職業，不僅收入穩定，而且聲譽也好，故為上。「末富」周流天下，資金周轉快，「用貧求富，農不如工，工不如商」，說明經商致富較快。但經商既需要資本，又必須承擔虧本和破產的風險，沒有求本富那樣穩當，而且還要承受社會輿論的壓力。因此，只有「能者」、「巧者」也就是頭腦靈活而敢於承擔風險的人才適合從事這樣的職業，所以說其業「次之」。經商劫人作奸，強取豪奪，「掘塚鑄幣」（挖掘別家的祖墳，偷取陪葬的銅器用來鑄幣），不擇手段地用害人的辦法獲取利益。這樣的人雖然可「取給」而成為「暴富」，但其所作所為為法理道德所不容，因此最易「危身」，故為最下。

這裡應當指出兩點：首先，司馬遷雖然將農業置於商業之上，且一稱為「本」，一稱為「末」，從表面上看，似乎有重農仰商的傾向，學術界亦有學者持此種意見。但這種觀點是值得商榷的。司馬遷絕對沒有輕視商業的意思。他稱農業為「本業」，稱商業為「末業」，這不過是襲用了相沿成習的稱呼，並不帶有褒貶的意味。相反，司馬遷是主張農、工、商、虞「四業」並舉的。他認為：「農不出則乏其食，工不出則乏其事，商不出則三寶絕，虞不出則財匱少」。此四業者「皆民所衣食之原也。」司馬遷更沒有像他同時代的某些學者那樣的鄙視或賤視商人的思想。他曾借戰國時的大商人白圭之口，將商人與歷史上最偉大的政治家、軍事家相提並論，稱讚他們具有常人所沒有的智、勇、仁、強等品性。白圭說：「吾治生產，猶伊尹、呂尚之謀，孫吳用兵，商鞅行法是也。是故其智不足與權變，勇不足以決斷，仁不能以取予，強不能有所守，雖欲學吾術，終不告之矣。」伊尹、呂尚、孫子、商鞅，這些名垂青史的政治家、軍事家可以由得白圭自比，這其中透露了司馬遷本人對白圭，也就是對商人的首肯。所以，司馬遷將農業置於商業之上，這與傳統的重農抑商思想毫無共同之處。其次，司馬遷所鄙視的商人，是那些殺人越貨、見利忘義的奸狡商賈，這並不能說司馬遷有以義斥利、義利對立的成見。司馬遷既然以伊尹、呂尚、孫子、商鞅這樣的偉人和正當的商人相比擬，也就根本不存在什麼以「義」斥「利」和「義利對立」的問題。見利忘義的奸商是社會的敗類，在任何時代都應當遭到撻伐與摒棄。司馬遷打心眼裡瞧不起奸商，這是他的正義感，堂堂正正，無可指責。「生財有道」，這對於現代營銷活動中端正經營思想，純淨商業品性，杜絕坑害消費者、以邪惡的手段牟取不義之財的欺詐行為，尤其具有深遠的、現實的教育意義。

司馬遷的「生財有道」觀更有價值的部分，還在於他總結了商品交換的特點，指出了生財之「術」的重要性。歸納起來，大體有如下幾個方面：

1.以利潤為本。司馬遷發現，利潤是各行各業經濟活動的內在推動力。他調查並分析了各種行業的獲利水平。其中包括擁有百萬資財，經營千畝田產的富豪；經營林業的「千章之材」；經營畜牧業的「牧馬二百蹄」；經營副業的「千畦姜韭」；經營漁業的「千石漁陂」等等。他們所獲得的利潤，都可以和一個收入為二十萬錢的「千户之君」相比肩。司馬遷從而得出了百分之二十的利潤水平是社會的平均利潤率這一結論。他說：「佗雜業不中什二，則非吾財也。」即是說，若不能獲得百分之二十的利潤，就不能算作理想的行業。作為社會平均利潤率，百分之二十是不是合理，是不是太高，這個問題可以探討。但在兩千多年以前司馬遷已經對於社會的平均利潤率有所思考，這不能不說是一個極其偉大的創見！基於對社會平均利潤率的認識，司馬遷進而提出了這樣一個問題：一個投資者，預定了百分之二十的利潤率，他在作出投資決策時，必須考慮他準備投資的行業所需要的生產資料的性質、規模和數量，以及這一行業的經營特點，所需要的技術支撐條件、資金周轉的速率、產品的銷路、經營的風險等一系列的複雜問題。例如，在通都大邑中，經營釀酒業，就必須有「酤一歲千釀」的經營規模；經營車馬業、造船業，就須得有「薪槁千尺，船長千丈，木千章，竹竿萬個，其軺車百乘，牛車千輛」的準備等等；經營布業，「其帛絮細布千鈞，文采千匹，榻布皮革千石」；經營造漆業，需有「漆千斗」等等。只有這樣，才能「比千乘之家」，獲取得百分之二十的利潤。

2.**識時**。要保證獲取利潤，必須識時。這裡的「時」，既具有「時令」之意，同時更具有「時勢」之意。計然（范蠡的老師）「旱則資舟，水則資車」；范蠡「知鬥則修備，說用則知物」，根據年成好壞的規律，總結出農業豐收、歉收的特點，做到豐年價落，及時購存；歉歲價漲，及時發售；白圭「歲熟取穀，予之絲漆；繭出取帛絮，與之時」，「樂觀時變」，這些都是「識時」的要領。即是說經商必須通過調查市場的需求來掌握行情，根據不同的時令需要和市場的「態勢」，「逐時而居貨」——緊緊地跟隨時令和態勢的變化而存吐進出，這是利用供求關係謀取大利的關鍵。

3.**知物**。知物是指了解商品的特性，用現在的話來說就是懂得商品學，以及市場對某一商品的需要度。「積著之理，務完物」，「腐敗而食之物勿留，無敢居貴」。即是說，已經過時的商品，就好像腐敗了的食物一樣，必須賤價處理而不能久留，尤其不能「居貴」，即捨不得削價處理。商家有一句行話叫做：「貨不停留利自生」，即是說不要讓商品積壓在那裡，而要讓它「動」起來，這樣才能生「利」。現代商業行態中的打折銷售，買三送一等等是商家常用的營銷手段。這實際上並不是商家的大發慈悲，而是一種促銷。須知商品積壓在那裡，不僅要耗費大量的倉儲費，而且要占用流動資金。對商家的這一套伎倆人們現已司空見慣。但在二千年前司馬遷已經清醒地認識到了這一點，實屬難能可貴。

4.無息幣。「息幣」的意思是讓貨幣休息。無息幣就是要懂得資金滯留的危害性和資金周轉的重要性，加速資金流動的速率。司馬遷指出：「財幣，其行如流水」，懂得了這一點，就應當讓貨幣「動」起來，也就是要運用貨幣及時地「吸」、「吐」、「存」、「放」。這就需要仔細研究物價漲落的規律，須知「貴上極則反賤，下極則反貴」。即是說，東西太貴了，物價就要下落；東西太便宜了，物價就要上漲。經營者必須把握好時機，「趨時若猛獸鷙鳥之發」，看準了時機就要像餓虎撲羊，鷙鳥向兔那樣迅速下手。這個「出手」的時機，關鍵在於價格。當某一商品的價格已高，就要將它當作糞土一樣立刻拋出（「貴出如糞土」）；當物價跌到一定的水平時，應當選擇那些具有潛在獲利可能性的商品，將它像珠玉那樣適時吃進（「賤取如珠玉」）。

5.擇地擇人。擇地是指選擇適當的經營地理環境；擇人是指選擇經營伙伴或下屬。范蠡「十九年之中三至千金」，是因為他居住在陶這個地方。陶為天下之「中」，「諸侯四通，貨物所交易」。刁閒善用「桀黠奴」，使他們「逐漁鹽商賈之利」，「終得其力，起富數千萬」。

《貨殖列傳》開創了中國正史記載經濟活動的先例，提供了大量寶貴的經濟史史料。

司馬遷以深邃的洞察力，得出了一系列基本符合經濟規律的論斷。然而，自從班固為司馬遷和《貨殖列傳》定下了「是非頗繆於聖人」，「述貨殖則崇勢利而羞賤貧」的基調以來，隨著中國古代社會自給自足的自然經濟的發展與鞏固，隨著中央集權統治的不斷強化，統治者壓制商品經濟的發展，抑制人欲的思想逐步升級。司馬遷的《貨殖列傳》也不斷遭到攻擊和非議。他豐富、進步的經濟思想如漫漫長夜中的一顆流星瞬息即逝，久湮不彰。今天，一切從事經濟工作的人們，都應當好好讀一讀《史記・貨殖列傳》，深刻領會司馬遷的經濟思想。可以毫不誇張地說：對於現代營銷來說，《貨殖列傳》是一部不可多得的教科書。

《孫子兵法》

被勳譽為「東方兵學鼻祖」、「世界第一兵書」的《孫子兵法》，是中國春秋的大軍事家孫武所作。《孫子兵法》是一部軍事巨著，在中國乃至於世界軍事史上都占有重要地位。「商戰如兵戰」。《孫子兵法》中獨樹一幟的軍事思想不僅可以用來指揮打仗，而且它們同樣是指導經濟工作，規劃現代營銷的指南。這部書正越來越受到經濟界人士的重視。例如，「二戰」以後的日本，其經濟原已奄奄一息，幾近崩潰，然而，曾幾何時，日本的經濟卻在戰爭的廢墟上奇蹟般地崛起，成為除了美國以外屈指可數的經濟大國。這其中一個很重要的原因，是日本的企業家發現了《孫子兵法》這部「奇書」並能夠活學活用《孫子兵法》。日本的許多大公司都將《孫子兵法》列為經營者和營銷人員必讀之書。例如，日本的精工集團在羽翼未豐時，他們並不急於從正面與瑞士鐘錶廠商發生衝突。但是，一旦時機成熟，精工集團立刻對鐘錶市場痛下「殺手」，他們以優質的石英錶和電子錶，與瑞士鐘錶廠商展開了正面交鋒，僅七〇年代後期，就將瑞士近一百八十家鐘錶廠擊垮，一舉確立了精工錶代表著世界鐘錶新潮流的企業形象。這就是運用了《孫子兵法》「避實擊虛」戰略思想的結果。日本前東洋精密工業公司董事長、經營評論家大橋武夫成功地運用《孫子兵法》，使得企業起死回生。他用自己的切身體會寫了一部《用兵法指導經營》的書。這部書一出版，立即在日本引起了轟動，成為日本一九六二年的暢銷書。大橋後了主編了一套十卷本的《兵法經營全書》，可見《孫子兵法》，在日本受歡迎的程度。西方經濟學界在探索日本經濟騰發的原因時，有一種較為普遍的觀點，認為《孫子兵法》是拯救日本經濟脫離「苦海」的重要理論指南。

對於現代營銷來說，《孫子兵法》中有如下幾方面的思想值得注意：

第一、「五事、校計」，以「道」爲首

《孫子兵法‧始計篇》提出了「經之以五事，校之以計，而索其情」的問題。所謂「經五事」，是指要認真考察道、天、地、將、法五個方面的狀況。「校之以計」則包括「民」對於戰爭的態度；天時、地利；將領的指揮能力；軍隊的組織、訓練和戰鬥力的強弱，以及賞罰的嚴明和紀律的執行等七個方面的內容。值得注意的是，孫子在論述「五事」、「校計」時，把「令民與上同意」的「道」放在了首位。孫子極為重視「民」的力量和作用。這從山東臨沂出土的漢墓竹簡《吳問》中也得到了印證。《吳問》記述了孫武同吳王闔於晉國六將軍「孰先亡」，「孰固成」的討論。孫武從范氏、中行氏、智氏、韓、魏、趙六家封建領主，其所施行的田畝制的大小以及賦稅的輕重的差異，說明畝大稅輕者為「厚愛其民」，可以「固成」。

孫武的「重民」思想，不僅是中國古代軍事理論的精華，而且也是現代企業經營想的

靈魂。站在現代營銷的立場，這個「民」，可以從兩個方面加以認識：從企業內部來說，企業的經營者務必要使企業員工能「與上同意」，即造成企業的「統一意志」。這個統一意志，僅僅靠規章制度，靠「壓」是出不來的。每一位員工，他既屬於企業，更屬於「自我」——他是一個活生生的「人」。你要讓他屬於企業，首先就要讓他屬於自我。你要讓他「集中」起來，就先要讓他「民主」起來。既有民主，又有集中；既有統一意志，又有個人心情舒暢那樣一種新鮮活潑的局面，是使得員工與企業同呼吸、共命運，也就是孫武所說的「可與之死，可與之生，而民不畏危」的基石。缺少員工和企業的甘苦與共，也就沒有了「人和」的氛圍，這樣的企業是沒有生命力的。從企業的外部條件來看，這個「民」是指顧客和消費者。企業外部的「民」，那更是一個千姿百態，所需所求各個不一的複雜世界了。要使得林林總總的消費者「與上同意」，將他們吸引到你的企業和產品這兒來，其難度要大大超過企業的內部管理。同時，在企業外部造成那種「與上同意」的局面，這也是企業內部「與上同意」的根本目標所在。企業家要想讓消費者與你同心同德，自己首先要與消費者同心同德。這就必須豎立起「以顧客為中心」，「消費者第一，消費者至上」的經營思想，在提高產品質量，改善服務態度方面下功夫。

明白了「道」，知曉了「重民」的作用和意義，接下去就該考慮「校計」的問題了。「校計」中的天時、地利可以理解為經營的自然環境。打仗要觀天象、察地形，經商也同樣如此。「校計」中的「將」是指「將才」。千軍好求，一將難得。「夫將者，國之輔也。輔周則國必強，輔隙則國必弱。」打仗靠將才，現代營銷也同樣離不開將才即企業的管理人員和營銷人員。現代營銷戰爭，說到底就是人才的競爭。按照孫武的標準，「將」應當具備的素質是「智、信、仁、勇、嚴」。唐代杜牧對這五個方面的解釋是：「兵家者流，用智為先。蓋智者，能機權識變通也；信者，使人不惑於刑賞也；仁者，愛人憫物，知勤勞也；勇者，決勝乘勢；嚴者，以威刑肅三軍也。」對於一位企業家和營銷人來說，這是他們加強自我修養的極高要求。一個企業，要能夠吸引人才，重要的是它的「法」即它的「生產關係」。孫武「校計」中的「法」是指「軍法」。軍法如山，來不得半點含糊。「法令孰行？」「賞罰孰明？」有法必依，行法必嚴。軍隊的組織，士兵的操練，「兵眾孰強？」「士卒孰練？」也都要靠法來規範和操作。對於一個企業來說，嚴格的規章制度，賞勤罰懶，獎功懲過，這也是它的「法」。只有依「法」辦事，才能吸引人才，調動企業員工的積極性，從而造就一支訓練有素，技藝高超的企業員工隊伍。

第二、知己知彼，百戰不殆

《孫子．謀攻》：「知彼知己者，百戰不殆；不知彼而知己者，一勝一負；不知彼，不知己，每戰必殆。」孫子在〈地形篇〉中又一次強調了知己知彼的重要性。他說：「知彼知己，勝乃不殆，知天知地，勝乃不殆。」

「知己知彼，百戰不殆」揭示了一條指導戰爭的極為重要的規律。這一「原創性」的理論總結，是孫武對於世界軍事理論的最重要的貢獻，同時，它對於現代商品經濟來說也是最具「操作性」和啟迪力的思想。

「知己知彼」的前提是「知」。這個「知」，不僅包括對敵我雙方情況的了解，而且還指明了在知己知彼基礎上的「自覺性」，即根據敵我雙方的力量對比，制訂切實可行的作戰方針。了解敵情，這在孫武看來是「三軍所恃而動」的大計根本所出。故孫武以專篇論述了掌握敵情的種種韜略，提出了偵察和判斷敵情的原則與方法。「上下同欲」、「識眾寡之用」、「以虞待不虞」、「知吾卒之可以擊」和「不可以擊」等等，都是知己知彼的重要內容。將帥考慮問題時應當「雜於利害」，見利思危，居害見利，力求全面。同時要「因利而制權」，把握好戰機。

第三、「示形」與「動敵」

孫武認為，「兵者，詭道也」。打仗是充滿玄機的事，詭秘而運用在心。所以曹操解釋「詭道」二字說：「兵無常形，以詭詐為道。」但這裡所謂「兵不厭詐」的「詐」，是指作戰時應當摒棄迂腐的假道學，從這個意義上，我們可以說這是「君子」之詐，而非小人之詐。孫武認為，布陣用兵應當「能而示之不能，用而示之不用。近而示之遠，遠而示之近。利而誘之，亂而取之，實而備之，強而避之，怒而撓之，卑而驕之，佚而勞之，親而離之，攻其無備，出其不意。」意思是說，兵家在作戰時，明明是強，但要示之以弱；有謀取之意而要示之以没有此種意圖；想「近取」的要表現出「遠取」的姿態；想「遠取」的要表現出「近取」的姿態；要利誘敵方，趁敵方混亂時攻取之；看到敵方實力強盛應作好準備（曹操謂「敵治實，須備之也。」）；避開強勁的敵手；對手發怒時要火上加油，騷擾他們；對手實力較弱，要想方設法使其「自我膨脹」而自大起來；敵方閑逸時要調動之使其疲憊；要離間對手，攻其不備，出其不意，這樣才能取勝。孫武的這些思想，內涵極其豐富。值得營銷人好好咀嚼消化，靈活運用。松下公司在錄影帶的經營上繞開SONY就是「兵不厭詐」的一例。二十世紀七〇年代，松下電器的錄影機產量為日本第一，而日本的錄影帶生產也已居世界領先地位。但當時日本生產的錄影機規格不一，型號各異。錄影帶的規格有的帶長一小時，有的帶長二小時。錄影機，錄影帶規格的不統一，給消費者帶來了很多不便，同時也不利於生產規模的擴大。一九七四年，SONY公司總裁盛田昭夫來找松下的總裁松下幸之助，要求統一錄影機生產規格。一九七五年，盛田昭夫又請松下參觀SONY一小時錄影帶的生產流水線，企求松下放棄他們的二小時帶，向SONY靠攏。盛田昭夫對松下幸之助說：「讓我們共同來做吧！為了日本，也為了世界。」盡管SONY盛情相邀，但幸之助並不表態。暗地裡松下指使下屬了解美國人對帶長的看法，結果得知二～四小時的錄影帶最受消費者歡迎。一九七六年十月，幸之助下令所屬的壽電子公司、勝利公司統一生產二小時帶，並聯絡日立公司採取統一行動。盛田昭夫得知此事怒不可遏，他大罵松下幸之助「出賣朋友」，「蹂躪信譽」，是「恬不知恥」的「叛徒」。當時已年屆八十二歲高齡的幸之助聽後若無其事地回答：「做生意就是這樣的。」這是松下公司採用「兵不厭詐」策略的一個鮮活例證。

第四、「先勝而後求戰」

所謂「先勝而後求戰」就是不打無準備之戰，不打無把握之戰。在了解了敵我雙方力量對比和勝負的可能性的基礎上，作好充分的應敵準備。「先為不可勝，以待敵之可勝」，居安思危，將不利於己方的情況作充分的估計。當有了自立於不敗之地的充分把握後才能求戰。「夫未戰而廟算者勝，得算多也；未戰而廟算不勝者，得算少也。」反對那種既不作周密考慮和準備，又盲目輕敵的「先戰而後求勝」的魯莽、輕率的錯誤做法。

第五、避實而擊虛

在了解了敵我雙方各種情況的基礎上，找出雙方各自的「虛實」即各自的長處和短處，避短揚長，避開敵方力量的堅實之處，充分發揮我方的優勢，打擊敵人的虛弱之處，不攻則已，「攻而必勝」。

第六、我專而敵分

在作戰中，要努力造成我方對敵方的有利態勢。或「以鎰稱銖」、「以碫投卵」（二十兩為一「鎰」，一兩的二十四分之一為一「銖」。「碫」，礫石也。），造成我方兵力上的壓倒優勢，使「我為專一，敵分為十」，從而達到「以十攻其一」，「以眾擊寡」的局面，或創造「如轉圓石於千仞之山」的有利態勢。「激水之疾，至於漂石者，勢也；鷙鳥之疾，至於毀折者，節也」。抓住有利時機，「勢如張滿之弓，形如待發之機」，以迅雷不及掩耳之勢置敵於死地。

第七、「因敵而制勝」

戰爭是複雜多變的。所謂「兵無常勢，水無常形」，這就要求戰爭的指揮員隨時了解敵我雙方不斷變化的情況，據此調整或改變己方的作戰方針和計劃。「能因敵變化而取勝者，謂之神。」這反映了孫武軍事理論的靈活性。孫武反對僵化或一成不變的觀點。根據敵我雙方兵力的不同，「十則圍之，五則攻之」；攻擊在不同的地形條件下，所採取的行動方針也不同。所謂「地生度，度生量，量生數，數生稱，稱生勝」，即是說要根據地形，得出戰場兵力可容量的分析，據此考量兵力的投入量；根據敵我雙方兵力的對比，判斷出雙方軍事力量的強弱，最後作出對戰爭勝負的估計。

偉大的軍事家孫武提出的種種作戰原則，基本上適用於現代商戰，對於現代營銷戰爭尤其具有重要的指導意義。從這個意義上來說，《孫子兵法》是營銷人應當讀、必須讀、仔細讀的一部好書。

先秦諸子與現代營銷 ／ 路新生著. --初版. --
臺北市：臺灣商務, 2003[民 92]
面 ； 公分

ISBN 957-05-1795-6(平裝)

1. 銷售 2. 謀略學 3. 哲學 - 中國 - 先秦
（公元前 2696-221）

496.5 92007454

先秦諸子與現代營銷

定價新臺幣 280 元

著作者 路新生
責任編輯 李俊男
美術設計 高俊宏
校對者 朱肇維
發行人 王學哲
出版者
印刷所 臺灣商務印書館股份有限公司
臺北市 10036 重慶南路 1 段 37 號
電話：(02)23116118 · 23115538
傳眞：(02)23710274 · 23701091
讀者服務專線：0800056196
E-mail：cptw@ms12.hinet.net
郵政劃撥：0000165 － 1 號
出版事業登記證：局版北市業字第 993 號

· 2003 年 6 月初版第一次印刷

ISBN 957-05-1795-6（平裝） 25017000

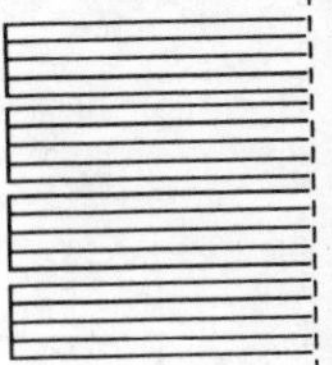

廣告回信
台灣北區郵政管理局登記證
第6540號

100臺北市重慶南路一段37號

臺灣商務印書館 收

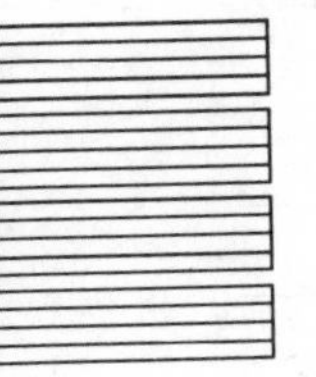

對摺寄回，謝謝！

傳統現代　並翼而翔

Flying with the wings of tradition and modernity.

讀者回函卡

感謝您對本館的支持，為加強對您的服務，請填妥此卡，免付郵資寄回，可隨時收到本館最新出版訊息，及享受各種優惠。

姓名：＿＿＿＿＿＿＿＿＿＿＿＿＿＿　性別：□男 □女

出生日期：＿＿＿年＿＿＿月＿＿＿日

職業：□學生　□公務（含軍警）　□家管　□服務　□金融　□製造

□資訊　□大眾傳播　□自由業　□農漁牧　□退休　□其他

學歷：□高中以下（含高中）　□大專　□研究所（含以上）

地址：□□□＿＿＿＿＿＿＿＿＿＿＿＿＿＿＿＿＿＿

＿＿＿＿＿＿＿＿＿＿＿＿＿＿＿＿＿＿＿＿＿＿

電話：（H）＿＿＿＿＿＿＿＿（O）＿＿＿＿＿＿＿＿

E-mail:＿＿＿＿＿＿＿＿＿＿＿＿＿＿＿＿＿＿＿＿

購買書名：＿＿＿＿＿＿＿＿＿＿＿＿＿＿＿＿＿＿

您從何處得知本書？

□書店　□報紙廣告　□報紙專欄　□雜誌廣告　□DM廣告

□傳單　□親友介紹　□電視廣播　□其他

您對本書的意見？（A/滿意 B/尚可 C/需改進）

內容＿＿＿＿　編輯＿＿＿＿　校對＿＿＿＿　翻譯＿＿＿＿

封面設計＿＿＿＿　價格＿＿＿＿　其他＿＿＿＿＿＿

您的建議：

＿＿＿＿＿＿＿＿＿＿＿＿＿＿＿＿＿＿＿＿＿＿

＿＿＿＿＿＿＿＿＿＿＿＿＿＿＿＿＿＿＿＿＿＿

＿＿＿＿＿＿＿＿＿＿＿＿＿＿＿＿＿＿＿＿＿＿

臺灣商務印書館

台北市重慶南路一段三十七號　電話：（02）23116118・23115538

讀者服務專線：0800056196　傳真：（02）23710274・23701091

郵撥：0000165-1號　E-mail：cptw@ms12.hinet.net

網址：www.commercialpress.com.tw